本书是国家自然科学基金项目
"国家公园体制试点区生态系统服务形成的多尺度特征与驱动机制"
（项目编号：52008389）的重要成果

国家公园
生态系统文化服务评估

ASSESSMENT OF CULTURAL ECOSYSTEM SERVICES IN NATIONAL PARKS

一 项 景 观 美 学 质 量 与 价 值 研 究

王 鹏

著

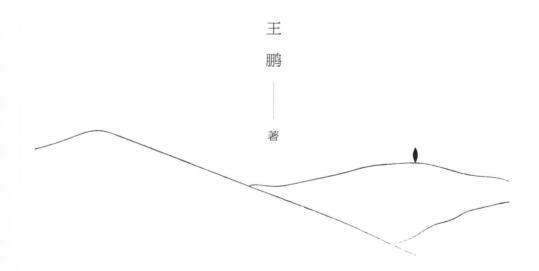

中国林业出版社
China Forestry Publishing House

图书在版编目（CIP）数据

国家公园生态系统文化服务评估：一项景观美学质量与
价值研究 / 王鹏著. —— 北京：中国林业出版社，2023.12
　ISBN 978-7-5219-2496-1

　Ⅰ.①国… Ⅱ.①王… Ⅲ.①国家公园－生态系－系统评价
－研究－中国 Ⅳ.①S759.992

中国国家版本馆CIP数据核字(2024)第007649号

策划编辑：肖　　静
责任编辑：葛宝庆　肖　　静
封面设计：睿思视界视觉设计
————————————————————

出版发行：中国林业出版社
　　　　　（100009，北京市西城区刘海胡同7号，电话010-83143612）
电子邮箱：cfphzbs@163.com
网址：www.forestry.gov.cn/lycb.html
印刷：中林科印文化发展（北京）有限公司
版次：2023年12月第1版
印次：2023年12月第1次印刷
开本：710mm×1000mm　1 / 16
印张：12.5
字数：210千字
定价：88.00元

前言

　　国家公园是以保护具有国家代表性的自然生态系统为主要目的，实现自然资源科学保护和合理利用的特定陆域或海域，是我国自然生态系统中最重要、自然景观最独特、自然遗产最精华、生物多样性最富集的部分，保护范围大，生态过程完整，具有全球价值、国家象征，国民认同度高。从 2013 年党的十八届三中全会首次提出建立国家公园体制，到 2017 年《建立国家公园体制总体方案》和 2019 年《关于建立以国家公园为主体的自然保护地体系的指导意见》颁布，直至 2022 年《国家公园空间布局方案》正式印发，我国国家公园体制改革取得重要进展。建立国家公园体制，成为生态文明建设的一项重大制度创新。

　　国家公园建设作为一项综合命题，生态保护是其首要目标，但并非唯一。由于历史原因，国家公园体制试点区普遍存在传统保护地整合困难、涉及利益主体关系复杂、原住民生计方式受阻、空间竞争激烈等现实问题。生态系统文化服务是人们通过精神满足、认知思考、游憩消遣和美学体验等方式，从生态系统获取的非物质利益。千年生态系统评估认为，通过文化服务能有效评估生态系统与人类福祉间的关系。深入生态系统文化服务研究有利于更加全面地认识国家公园生态系统、推动生态产品价值实现，并促进国家公园以及毗邻地区的可持续发展。随着社会经济发展与人们需求意识的提升，文化服务在生态系统与人类福祉耦合关系中的角色也越发重要。但是，由于生态系统文化服务本身概念的抽象性、边界的模糊性，以及学科研究的交叉性，已有研究一直饱受争议，经常被研究者回避或忽略，置于生态系统服务评估体系之外。

　　景观美学是生态系统文化服务最为重要的类型之一，同时也是公众获取国家公园生态系统服务最直接和最快速的方式，被认为是"自下而上"增强生态系统管理的重要途径。已有研究认为，不同的景观美学评估结果会对生态系统管理产生积极或者消极的影响，如果景观美学感知有限或是认知存在偏差，则可能会产生有损于生态系统的消极行为。国家公园是我国自然景观最独特的空间，体现国家代表性，具有国家象征。目前国家公园认定标准中的生态重要性和管理可行性等指标已经开展了大量研究，然而有关"自然景观独特性"这一国家代表性指标的相关研究还十分稀缺。中国正在建设全世界最大的国家公园体系，国家公园作为最美国土，不但具有亟须保护的自然生态系统，亦还兼具最为独特的景观体系，拥有无与伦比的文化价值。因此，如何科学测度国家公园景观美学服务的物质量和价值量，完善国家公园自然景观的准入标准；如何通过公众感知和认知促进国家公园精细化管理决策，展现国家代表性，并提升国民认同度是当前亟待解决的重要科学问题。

本书的研究地点，钱江源国家公园体制试点区是首批设立的 10 个国家公园体制试点之一，位于中国经济高度活跃的长江三角洲地区，生态保护与社会发展矛盾突出。如何在人口稠密、自然资源权属复杂的保护地集中区域，优化生态系统服务与人类福祉耦合关系，探索中国特色国家公园体制，并谋划生态与经济共赢路径是研究区面临的现实议题，亦是钱江源国家公园体制试点的核心价值。

本书以生态系统文化服务作为研究背景，选取景观美学这一重要的服务类型，从影响景观审美的物理感知与心理认知因素入手，综合采用心理物理实验、空间分析、模型模拟、利益相关者问卷调查等方法，开展景观美学视觉感知、听觉感知与多利益主体认知研究，科学测度国家公园景观美学的视觉质量、听觉质量与货币化价值。研究结果有利于完善生态系统文化服务理论和技术方法体系，进一步界定国家公园"自然景观独特性"认定准入标准，并推动政策制定者更好地将文化因素，尤其是景观因素纳入生态系统管理范畴。

本书是国家自然科学基金项目"国家公园体制试点区生态系统服务形成的多尺度特征与驱动机制"（项目号：52008389）的重要成果。项目研究历时 3 年，得到了许多人的帮助和支持，铭记在心，在此不再一一赘述。

著者

2023 年 12 月

目 录

4 国家公园景观视觉感知行为与美学质量评估

5 国家公园声景观听觉感知行为与美学质量评估

6 国家公园景观美学心理认知行为与价值评估

7 国家公园景观美学服务功能区划与优化策略

8 研究结论与展望

1 | 绪　论

景观美学服务是最具代表性且最易被人感知的生态系统文化服务类型。不同的景观美学评估结果会对国家公园管理产生积极或者消极的影响。本章通过文献查阅与背景分析，提出本研究的科学问题，界定核心概念内涵，综述国内外研究进展，在此基础上对论文核心观点和总体结构进行概述。

1.1 选题聚焦：国家公园生态系统文化服务

有别于生态系统供给、调节与支持服务能够直接为人类提供物质保障，生态系统文化服务（cultural ecosystem services）作为相对独立且十分关键的生态系统服务类型，是指人们通过精神满足、认知思考、消遣和美学体验从生态系统中获得的非物质收益（Finlayson et al., 2005；Huynh et al., 2022）。由于生态系统文化服务自身的无形性、模糊性和主观性特征，以及不同利益相关者对其的认知差异与权衡过程的复杂性，文化服务在过往生态系统服务研究中经常被忽视和削弱，导致目前理论研究缺乏系统性，相关技术方法也无法实现统一。缺乏对生态系统文化服务的系统理解和科学评估，已成为制约生态系统服务在管理决策中全面发挥作用的重要障碍（Cabana et al., 2020；Santarém et al., 2020）。

经过长期努力，我国自然保护地面积已占陆域国土面积的 18%，但由于人类对生态系统服务缺乏充分认识，过分重视生态系统供给服务和调节服务，导致自然保护地生态系统文化服务逐渐边缘化甚至缺失，生态系统表现出由结构性破坏到功能性紊乱演变的态势（Raudsepp-Hearnea et al., 2010；李双成等, 2011；傅伯杰等, 2020）。中国正在建设全世界最大的国家公园体系。国家公园作为我国自然生态系统最重要、自然景观最独特、自然遗产最精华的空间，是最美国土，具有典型独特且无与伦比的文化价值，在体现国家象征、国民认同度方面具有不可替代的作用。因此，如何科学评估国家公园生态系统文化服务功能并核算其价值，已成为中国特色国家公园体制建设亟须解决的重要问题。

参考谢高地等（2015b）、Booth 等（2017）、Hatan 等（2021）国内外学者研究视角，本书选取最具代表性且最易被人感知的景观美学服务，采用多学科交叉方法，开展较为全面的物质量与价值量评估，以期进一步完善国家公园生态系统文化服务理论体系研究，并为国家公园生态系统精细化管理决策提供支撑。

1.2 研究背景

1.2.1 国家公园体制试点建设的文化特征

5000 多年文明史的中国发展到今天，遇到了前所未有的资源环境问题。如何有效保护好我国最具代表性和最精华的自然景观，为子孙后代留下宝贵的自然遗产是我们几代人的历史重任。引入国际社会普遍接受并行之有效的国家公园理念，是党中央国务院为应对这一挑战作出的重要决定（高吉喜等，2019）。

国家公园制度诞生于美国，被誉为"美国从未有过的最佳创意"，是展现国家文化的重要窗口（吴保光，2009）。中国国家公园体制建设起步晚，但从建设初始就与西方国家有很大区别。中国与以美国为代表的西方国家有着截然不同的思维体系，这在处理人与自然关系方面表现得尤为明显。二元对立是西方文化的根本特征，西方传统世界观倾向于将自然与文化、物质与精神二元分离（Rotherham，2015；刘建军，2021）。我国自古以来崇尚和谐，"天人合一"是对我国传统自然观的高度概括和集中体现，并贯穿于当代生态文明建设（孙利天和常羽菲，2021）。某种意义上，东西方截然不同的世界观，促使国家公园建设形成了不同的文化特征与发展模式。

二元对立哲学观是导致西方国家经常发生社会危机、经济危机以及生态危机的根本性原因（韩震，2014）。受这一价值观影响，最初美国国家公园的自然保护将当地土著居民排除在外，土著居民被视为阻碍生态保护的威胁（Selin & Chavez，1995；Agrawal & Gibson，1999），这也是美国黄石国家公园区域内原住印第安人被驱逐的重要原因（曹少朋，2019 ；Ferretti-Gallon et al.，2021）。这种摒弃人文因素、将人与自然二元分离的保护模式导致了传统自然保护模式不断失败，Rotherham（2015）称这种保护模式为"文化分离（cultural severance）"，并证实了这一模式反而会加剧生态破坏。美国国家公园体系对西方国家影响十分深远，是 1972 年世界自然保护联盟（International Union for Conservation of Nature and Natural Resources，IUCN）保护地管理目标分类系统构建的重要参考（梁诗捷，2008）。我国的自然保护地始建于 1956 年，更多的是人与自然交融的结晶，蕴含着深厚的审美情趣与文化积淀，例如中国的"五岳"与四大佛教名山多是自然保护区、风景名胜区、森林公园、地质公园所在地，是具有国家文化象征的国土景观。这一文化特征同样体现在日、韩等东亚国家，日本富士山和韩国三神山等国民认同感强的景观也都被纳入了国家自然保护地体系。

综合来看，中西方国家公园建设背景具有明显的文化差异，对于国家公园文化内涵的理解方式也存在不同。相比美国在现代保护地运动中形成的"荒野美学"，中国自然保护地则有自古传承下来的自然美学文化，并体现在山神崇拜、神树崇拜、宗教历史等多个方面。中国自然保护地深厚的文化积累，决定了作为以自然保护地体系主体的国家公园不能照搬西方经验。如何凸显国家代表性，如何体现并传承中国特色自然审美文化，成为当前国家公园体制建设阶段亟待厘清的一个重要问题。

1.2.2 结合美学评估的保护模式在国际上渐成趋势

工业化和城镇化发展，促使人们对环境美学质量的要求不断提高，美学质量在国家公园等自然保护地领域的重要性不断得到确认与彰显。美国《国家环境政策法》（《National Environmental Policy Act》，简称《NEPA》）的实施，标志着景观美学资源开始具备法律地位。由于美学价值的计量难度大、影响因素多、主观性强等特点，《NEPA》要求林学、生态学、景观学、经济学、计算机科学等多学科领域专家共同参与美学价值评估，同时还需保证在规划和政策制定时综合利用美学艺术等专业知识。

自 1960 年开始，国际社会已经开展了大量的景观视觉美学评估理论、方法与实践探索。1975 年，美国西雅图 Jones & Jones 咨询公司基于视觉完好性、视觉独特性与统一性等指标构建了视觉美学资源评估模型，评估水电工程对当地景观美学资源所产生的影响。Shafer 和 Tooby（1973）利用植被近景、中景、远景周长与面积等指标，计算了景观美学资源价值。量化美学价值在实际操作中存在太多的困难，但是这种量化的努力，促使人们思考美学价值与生态价值如何结合，以及如何在自然资源管理中发挥作用。今天看来，上述美学量化评估虽然仅仅关注了景观的形态，评估指标并不全面，但这种尝试确实推动了基于美学评估保护模式的形成与推广。

目前，大多数发达国家已经建立了正式的景观视觉美学资源评估制度，美国在国家公园准入制度和国家历史登录制度中突出了"国家级别的价值"等评估标准，美国林务局、土地管理局、土壤保护局等部门依据各自管理的自然资源属性，推出了景观视觉管理系统（visual management system，VMS）、视觉资源管理（visual resource management，VRM）、景观资源管理（landscape resource management，LRM）和视觉影响评估（visual impact assessment，VIA）等方法，并均强调了自然资源管理过程中景观美学评估的重要性。德国也早在 1935 年《帝国自然保护法》中引入了"景观意象"（landschaftsbild）理念，强调景观文化属性，"美感"作为法定指标也被写入 2002 年新修订的《联邦自然保护法》，并广泛运用于国家公园等自然保护地景观评估。从全球范围来看，对自然生态系统原真性、完整性的理解已经从传统的纯自然保护，向人与自然和谐的综合保护转变，美学文化因素也逐渐被纳入生态管理范畴。虽然欧美国家景观美学评估的目标、方法各异，但不可否认，结合景观美学的自然保护模式已经逐渐成为各国国家公园管理的重点。

1.2.3 国家公园景观美学研究匮乏且认识存在偏差

美，作为人类的永恒追求，是物质生存与精神生活的和谐交融。马克思在《1844 年经济学哲学手稿》曾指出，"人也是按照美的规律来建造"，揭示了美学规律与实践活动的关系。美学研究的实践意义非常重要，而中国对于景观美的欣赏自两千年前就已产生（朱志华，2019），《诗经》就曾记载许多关于"森林美""植物美""山水美"的内容，并阐述了景观美学与社会秩序的关系。孔子《论语》也阐述过"知者乐水，仁者乐山；知者动，仁者静"的"比德"审美观。20 世纪 40 年代，美国学者 Aldo Leopold 认识到了美学在自然资源管理中的重要性，他认为不能单纯从经济角度去利用土地，而应该兼顾土地审美需要（Leopold & Wilke，2005）。Aldo Leopold 的理念是典型的生态中心主义思想，对变革美国"人类中心主义"价值取向以及推动保护运动发挥了重要的历史作用（付成双，2013）。

随着我国国家公园体制改革的有序推进，大批理论和实践工作者开始投入到国家公园研究领域，他们从生物多样性监测、生态补偿、濒危物种保护、规划评估等角度探索国家公园体制创建过程中的问题（肖仁乾等，2019；魏钰等，2019；庄鸿飞等，2020），对国家公园自然生态系统保护起到了重要作用。然而也遗憾地注意到，至今在中国林业科学、生态科学、管理科学等领域还鲜有从美学视角探讨国家公园问题的研究，研究的系统性明显不足。这其中不乏国家或区域层面对景观美学重视程度不足的原因，相应的景观美学管理目标、评估技术规范也都未形成。

此外，受国内研究广度与深度不足的影响，国家公园景观美学认识存在一定误区，将作为存在价值的审美价值与使用价值混淆，将美学价值与旅游产业发展挂钩，导致景观美学评估取决于其吸引游客的数量与门票经济收益，形成生态价值与美学价值二元对立的错误认识，这也从一定程度上要求国家层面尽快建立起景观美学评估制度，树立正确的美学价值观。

1.2.4 国家公园景观美学价值缺乏实现机制

以美学质量为基础的定量化景观评估已经有 30 多年的研究历史，这使我们在理解和认识景观美学方面取得了较大成就。但我国对国家公园景观美学评估还处于起步阶段，在理论研究与方法方面都缺少符合中国特色国家公园景观美学评估的实践，同时也导致缺乏相应的价值实现机制，主要体现在三个方面：一是国家公园景观美学价值评估核算体系尚未建立。目前，景观美学质量与价值评估机制缺失，缺乏一套科学的、能被广泛接受的评估技术和核算标准，无法为国家公园体制试点关键时期景观美学政策制定、机制建立提供可靠支撑。景观美学质量与价值认定机构缺失，尤其是第三方机构，导致无法对核算出的国家公园景观美学质量与价值进行客观认定。二是国家公园景观美学价值自身存在缺乏变现条件的问题。国家公园的景观美学价值既作为一种生态服务或生态产品单独存在，同时又依托国家公园生态系统提供的涵养水源、水质净化、水土保持、生物多样性保护等生态产品而存在。通过条件价值法、权重当量平衡法、环境保护税法等方法可以评估核算出其货币价值，但由于缺乏相应的变现条件，多数生态产品无法直接进行市场流通。三是涵盖景观美学的国家公园生态产品市场体系尚不健全。一方面，国家公园景观美学资源作为公共领域产品，其公益属性影响了民营等社会资本投入热情与投资预期，且缺乏相应激励机制，导致景观美学价值实现路径不畅；另一方面，反映市场化规律的供求机制、定价机制、竞争机制尚处于初级阶段。浙江丽水等地区虽然出台了生态产品价值实现机制的试点方案，但生态产品的市场交易体系尚处于摸索阶段，尚未形成成熟的交易体系。

1.3 科学问题的提出

生态保护是国家公园体制试点建设的首要目标，但并非唯一目标。已有研究认为，景观美学价值与生态保护行为之间存在重要联系，美学价值高的景观更容易得到有效保护（Gobster et al., 2007）。景观美学感知与认知对生态保护起着重要作用，但目前却尚未在国家公园管理过程中得到足够重视（Agnolett et al., 2014；刘尧等，2017）。

国家公园管理的难题主要来自它的多目标属性，生态保护与景观审美等目标并非相互独立，它们彼此交互、又互为依存，导致这些目标往往存在潜在矛盾。在森林资源管理中，生态与美学这两种价值有时可能互相冲突。例如，林业工作者将林木采伐后，往往把树枝碎片留下，目的是促进森林再生，但却也容易形成杂乱不堪的景观视觉效果，直接影响森林的美学价值。

不同的景观美学评估结果会对国家公园管理产生积极或者消极的影响。在某种情况下，人们对美学价值高的景观会采取更加积极的保护行为，如果对景观美学感知有限或是认知存在偏差，则可能会产生有损于生态价值的消极行为（LeRoy et al., 2006）。景观审美作为公众观察和获取景观价值最直接、最快速的方式，被认为是促进生态系统管理的重要途径（Gobster et al., 2007）。因此，国家公园景观美学如何被公众感知，又是如何影响公众认知的，如何通过科学合理的景观美学质量和价值评估促进国家公园资源优化配置，权衡生态价值与美学价值之间的矛盾冲突，并满足社会日益增长的审美文化需要，正是过去缺乏系统研究、现在还没有解决的重要科学问题，亟须进一步深入研究。

1.4 概念界定

1.4.1 国家公园

国家公园的概念缘起于英国诗人威廉·华兹华斯（William Wordsworth）和美国艺术家乔治·卡特林（George Catlin）。早期美国国家公园建设，主要聚焦于具有独特美学意义的荒野景观，并未真正从生态学角度考虑荒野景观的原真性与完整性（高科，2019），美国精英阶层认为国家公园所代表的荒野景观美学价值能够媲美古老的欧洲文化，彰显美国精神。19 世纪至今，国家公园已从"荒野"文化概念发展成以自然生态保护为主要目的的综合性概念，并强调国家公园在自然保护地体系中的主体地位。

《伦敦公约》是给国家公园进行首次定义的国际公约。1958 年，第八届世界自然保护联盟（IUCN）大会决定设立世界国家公园委员会（The International Commission on National Parks，ICNP），加强国际社会对国家公园建设的关注。IUCN 于 1969 年在印度对国家公园进行了定义并经 IUCN 大会审议通过，1972 年 ICNP 通过了国家公园设立的 5 项标准。随着各国国家公园理念的演变，ICNP 也历经多次更名（钟乐和杨锐，2019），最终定为世界自然保护地委员会（World Commission on Protected Areas，WCPA）。IUCN 将自然保护地分为六类，国家公园属于第二类，保护生态系统并提供游憩服务是其管理目标，欧美等西方国家对国家公园管理目标的设定大多以此为依据。

2019 年 6 月，中共中央办公厅、国务院办公厅印发《关于建立以国家公园为主体的自然保护地体系的指导意见》，文件提出："国家公园是指以保护具有国家代表性的自然生态系统为主要目的，实现自然资源科学保护和合理利用的特定陆域或海域，是我国自然生态系统中最重要、自然景观最独特、自然遗产最精华、生物多样性最富集的部分，保护范围大，生态过程完整，具有全球价值、国家象征，国民认同度高。"基于管理目标的不同，我国将自然保护地分为国家公园、自然保护区与自然公园三类，国家公园保护等级最高。

1.4.2 景观

"landscape" 的含义与概念十分广泛，它广泛根植于地理、生态和艺术等多种学科领域，并在不同的学科或文化体系下有着不同的解释（肖笃宁和李秀珍，2003；王云才等，2009）。人们已经日益认识到保护生态和文化多样性的必要性，并在景观领域找到了共同点，例如，《世界遗产公约》景观识别与保护所采用的包容性方法（Stephenson，2008）。国家公园管理的本质具有多维属性，如果将其研究固定在单一的生态维度，容易造成研究的片面性。根据"景观"的使用情况，可将"景观"内涵分成三类：一是与视觉感官相关，通常指优美的风景；二是与区域空间有关，通常指某个行政地区，这与瑞典语、德语同源词 "landskap" "landschaft" 内涵大致相同；三是与尺度相关，通常可看作景观生态学中广义景观的延伸（Tress & Tress，2001；Hawkins & Selman，2002；黄昕珮，2009）。

国际层面第一个以景观作为规范对象的公约，是 2000 年 10 月在意大利佛罗伦萨通过的《欧洲景观公约》（《Europe Landscape Convention》，简称《ELC》），它对景观的定义是"一个可感知的区域，是人或与自然互动的结果"。《ELC》强调了景观的复合属性，并指出景观的自然要素与文化要素彼此交融，其生态价值、文化价值、美学价值以及社会价值相互作用，并互为制约。景观，作为"被人们感知的区域"，是一种主客观相互作用的多功能综合体。这个概念本身即蕴含着一种固有的整体观。在我国，伴随着日益严峻的生态环境问题，地理学、生态学和风景园林学均较多地涉及景观概念，并在 2000 年之后得到了快速发展。2003 年，清华大学成立了景观学系；2005 年，同济大学成立了景观学系，同年举办了国际景观教育大会。当前，"景观"多指风景或是视觉等感官形象，以及景观生态学含义（王保忠等，2006），本研究关于景观美学的评估内容主要指前两者。

1.4.3 景观美学

"景观"一词最大好处是它涵盖了审美客体（"景"），又包含了审美主体行为（"观"）。"景观美学"的概念首先出现在《生活在景观中：走向一种环境美学》一书中，伯林特参考人居环境理论，将景观美学与建筑美学、城市美学共同界定为环境美学的组成部分（Berleant, 2006）。著名景观美学研究学者史蒂文·布拉萨（Steven C. Bourassa）认为景观和环境并不存在明显的概念差异，在一定程度上可将两者等同起来使用（黄若愚，2019），布拉茨借鉴杜威（Dewey）和维果茨基（Vygotsky）等人的研究成果，在其《景观美学》一书清楚地呈现了这一观点。在国内，张法也将景观美学与环境美学并列，他对生态型美学进行了系统研究和阐释，认为环境美学、生态批评和"景观学科中的生态美学"可并称为"生态型美学"（张法，2012）。陈望衡是国内较早研究环境美学的学者，他认为由于"景观"本身就包含审美的内涵，因此，景观美学与景观学并无二致，并将景观美学定义为环境美学的一种延伸（陈望衡，2019）。

综合来看，由于景观本身带有主体感受成分，具有一定美学功能，景观美学着眼于人与景观环境的审美关系，在美学日益学科化的今天，国家公园作为最精华、最重要、最美的国土空间，完全可以被作为美学研究的独立对象探求其美的本质与规律。

1.5 国内外研究现状及述评

1.5.1 中西方景观美学理论发展

早在 18 世纪的德国，关于景观美学的森林问题就已经被提出来。德国学者冯·卡罗维萨（Von Carlowitz）、亨利·路易斯·杜哈梅尔·杜蒙索（Duhamel de Monceau）等人就已提出了森林美化的观点（郑小贤，2001；赵绍鸿，2009），认为施业林与经济功能、美化功能并不矛盾。19 世纪末，德国林学家海因里希·冯·萨里施（Heinrich von Salisch）出版了著作《森林美学》，被认为是森林美学理论正式确认的重要标志。虽然当时森林资源管理强调其生产功能，但仍可视为景观美学的萌芽，对于我国国家公园景观美学研究具有重要参考价值。

景观美学正式萌芽于 20 世纪中期，主要体现在以下两个方面：一是景观生态规划与建设工程的实践。20 世纪 60 年代的景观建设开始关注人与自然的关系，宾夕法尼亚大学景观与区域规划系的创始人麦克哈格（MacHarg）提出了生态主义与人文主义相结合的理念，他的著作《设计结合自然》（《Design with Nature》，1969）成为当时景观规划的准则。二是景观审美价值的量化研究。在景观美学发展的初期，对景观的审美价值进行量化研究成为景观美学发展的另一个重点（陈国雄，2017）。有相当多的学者对量化方法持肯定和拥护态度，并且已经认识到美学价值量化可以给决策者提供更加科学的依据（薛富兴，2018）。

20 世纪 70 年代末，景观美学发展真正进入了理论建构阶段。出于对传统美学的修正，早期景观美学学者将如何审美地欣赏自然环境作为他们研究的重点，艾伦·卡尔松是较早进入这一领域的学者，他的论文《欣赏与自然环境》（《Appreciation and the Natural Environment》）是当时理论发展的代表作（薛富兴，2018）。随后，伯林特（Berleant）、卡罗尔（Carroll）、萨冈夫（Sagoff）、伊顿（Eaton）、瑟帕玛（Sepanmaa）等人也进入自然美学的研究领域。与之相近的景观美学研究，也在自然美学理论发展的推动下，突破了艺术垄断美学领域的局面，景观逐渐成为独立的美学研究对象。

随着环境问题的日益严重，20 世纪 90 年代以后，西方景观美学的研究对象也逐渐从"自然"向"环境""景观"等领域转移。伯林特、卡尔松等专家在这一时期出版的《环境美学》《生活在景观之中：走向一种环境美学》和《美学与环境：自然、艺术与建筑的鉴赏》等著作是其重要标志。进入 21 世纪，伴随生态世界观的进一步发展，著名景观美学研究学者史蒂文·布拉萨在其《景观美学》一书中指出了作为审美对象的景观的特殊性，并对景观的审美经验与理论框架进行了更为系统的分析，从而促成了景观美学的快速发展。当前，景观美学得到了国际学术界的普遍关注，相关研究已连续多年被纳入世界美学大会的会议主题。

中国的景观美学研究始于 20 世纪 80 年代，主要从解决美的本质问题出发，其理论研究视野局限于对自然美的研究。到 90 年代，出于对中国当时环境问题的一种应对，越来越多的学者开始关注景观美学和环境美学，由于当时基本上还没有引入西方环境美学理论，因此，景观美学多是运用中国古代美学理论与马克思主义美学理论进行研究。

20 世纪 90 年代末以来，随着西方景观美学影响力在世界范围的扩大，中国的景观美学研究从以下两个维度展开：一是西方理论的译介。伯林特、卡尔松、布拉茨等人的景观美学著作陆续翻译完成并出版（陈国雄，2017）。自然保护的景观美学问题也在当时得到关注，在张家界国家森林公园、武陵源风景名胜区召开的"武陵源山水美学国际研讨会"是其重要标志。二是中国景观美学理论的构建。周年兴等（2012）选择庐山地质公园为对象，研究了森林景观美学质量与景观格局指数的关系；郑华敏等（2012）以武夷山风景名胜区为例，运用景观美景度与语义差异模型，开展了景观美学量化研究，并与景观元素建立回归模型进行影响因素分析；蓝悦等（2015）以西湖风景名胜区为例，构建了古树名木景观评估模型并进行了实证评估；蒋丹群和徐艳（2015）构建了土地整治景观美学评估指标。近年来，越来越多的学者关注到自然保护地的景观美学；张小晶等（2020）运用美景度方法评估川西亚高山秋季景观色彩的美学质量；肖时珍等（2020）运用 GIS 等技术对武陵源世界自然遗产地进行了景观美学研究。

整体而言，景观美学自产生之后，经过一系列动态发展，研究路径、研究对象、内涵视角、目标等内容都得到不断完善，有效推动了学科的进一步发展。与此同时，经过与国内外生态美学、环境美学和自然美学等相近学科的融合创新，我国景观美学研究呈现出欣欣向荣的研究态势，在这种研究过程中，以国家公园为主体的自然保护地越来越受到关注，并与景观美学形成了一种互动交流机制。但目前中国当代景观美学主导话语形态还未全面构建，景观美学支撑美丽中国建设的力度还不足，亟须选择典型研究对象开展进一步系统研究。

1.5.2 景观美学的视觉感知评估

西方国家关于景观美学评估的研究始于 20 世纪 40 年代，德国在规划和建设高速公路时，在保证行驶安全基础上，充分考虑了驾驶人的视觉能见度与舒适性，并为此对周边道路景观开展了相应美学评估，为规划和政策制定者提供了改进建议和设计意见。自从意识到美学价值在景观资源管理过程中的缺失，美国从 20 世纪 60 年代开始便进行了大量的美学视觉评估研究，并建立了许多视觉定量分析的数学模型（Kellomki & Savolainen，1984；Hull et al.，1987；Priskin，2001。）。其中，丹尼尔（Daniel）提出的美景度评估（scenic beauty evaluation，SBE）方法与 Buhyoff 等（1984）提出的比较评判法（law of comparative judgement，LCJ）都是比较成熟的评估方法。国内学者俞孔坚（1988）通过分析 SBE 与 LCJ 两种美学评估方法的优缺点，综合二者优缺点，构建了 BIB-LCJ 审美评判测量法，并在自然景观评估中进行了运用。近年来，Leopold 和 Wilke（2005）提出的独特比值方法（uniqueness ratio）也得到了较快速的发展。

美国等西方国家关于景观美学视觉评估的探索经历了曲折的道路，通过众多学者的努力，形成了专家学派、心理物理学派、认知学派和经验学派四大评估学派（王保忠等，2006）。其中，专家学派强调景观形态的美学评估，评估工作以及标准均由具有专业知识背景的专家完成。心理物理学派主要基于"刺激 – 反应"这一关系来解释公众审美与景观之间的关系，SBE 和 LCJ 等方法多属于这一学派。此外，语义差异方法（Osgood，2010）也常被用于这一学派的美学评估。认知学派主要基于人的认知过程和功能需求，来解释人与景观形成的审美关系，主要包括环境评判、栖息地和"瞭望 – 庇护"等相关理论方法。经验学派则强调人的主观感知作用，人口特征、经济社会背景、文化程度等是其研究的重点。随着景观美学评估方法的不断完善与改进，上述学派之间的界限也越来越模糊，结合多种方法开展美学评估成为常态。

近 30 多年来，专家学派在美国的景观评估实践中占主导地位，美国林业、土地等自然资源管理部门推行的 VMS、VRM、LRM 等景观评估程序都是基于专家学派的理论和方法。此外，美国高度重视以法律法规来保护和管理景观美学资源。1969 年开始，美国先后通过《野地法》(《Wildness Act》)、《国家环境政策法》(《National Environmental Policy Act》)、《道路美化法》(《Road Beautification Act》)等法规政策，并在这些法案中要求对景观美学资源进行视觉评估，促进了景观美学感知评估研究的发展。

到了 20 世纪 90 年代，通过计算机模型进行景观美学视觉评估的技术方法得到了发展，地理信息系统、卫星影像等技术为评估研究提供了更多研究思路。这一时期，美国的景观美学评估开始强调美学资源的价值性。2010 年，美国景观协会（Landscape Architecture Foundation，LAF）开始着手研究景观绩效评估，景观美学是其关键内容。近年来，眼动跟踪技术、增强现实技术（augmented reality，AR）、虚拟现实技术（virtual reality，VR）也开始主要集中应用于广告、产品、基础设施等视觉美学评估领域（闫国利和白学军，2004；郭应时等，2012），但应用于自然景观领域的相关研究实践还较少。Nordh 等（2013）运用眼动跟踪技术，研究了乔木、灌木、草地、景观小品等不同景观要素的眼动数据，证实草地景观与生理心理恢复之间存在正相关关系。

Dupont 等（2014，2015）以景观照片为媒介，研究了不同景观对被试的感知影响，并以学生作为样本，分析了不同专业之间的感知差异，证实具有景观专业知识的学生感知偏好更明显。

审美感知通常表现为景观刺激带来的一系列感官生理反应，这其中 80% 以上的信息通过视觉获取（唐福明，2014）。视觉感知对于景观美学质量评估具有关键作用，方法不同可能产生不同的结果。但目前而言，不管是传统四大评估学派还是眼动追踪、AR、VR 等新技术，都依赖于景观的可视特征，强调评估主体的视觉审美感知，虽然现有理论方法都普遍接受国家公园景观美学的独特性，但涉及国家公园景观美学视觉感知的相关研究还比较少。通过现有的研究来看，中国的景观美学视觉感知评估多依托于风景名胜区、旅游景区和城市绿地等区域进行研究。近年来，多学科交叉融合推动景观美学感知与质量评估研究的趋势越来越明显。

1.5.3 声景观及其听觉感知评估

声景观（soundscape）概念最初由加拿大音乐家、环境学家、教育学家默里·谢弗（Schafer R M）提出。Schafer 被誉为"听觉文化研究"的先驱，出版了《世界调音》（《The Tuning of the World》）等多部具有里程碑意义的声景书籍，同时在联合国教科文组织和加拿大唐纳基金会的资助下，建立了"世界声景计划"（The World Soundscape Project），为北美、欧洲等区域的声景观监测与研究奠定了基础。声景观强调个体或社会对声音环境的感知与理解，是指人类环境中自然声环境与人为声环境的组合（许晓青等，2016）。虽然声环境与声景观的声源组成元素没有区别，但是二者还是存在一定差异性，声环境强调声音的物理性质，是指环境或场地中的各种生物发出的声音，以及它们交流所形成的声音；而声景观则强调的是人对声音的感知、体验以及重构，本质是人与声环境的互动，它涉及认知、社会文化、时间、空间等众多维度，更加动态立体（Zappatore et al.，2017）。

声景观理论的产生有两个来源：一是人类内在的文化需求呼唤着听觉感官能提供不一样的审美感受方式，人们对景观的感知不是完全来自视觉，是视觉、听觉、触觉、嗅觉、味觉等各个感官的综合作用，过于重视视觉容易对其他感官造成忽略；二是工业时代的生产噪声和交通噪声引发了人们主动处理声环境的渴望，社会发展导致人与自然的关系十分紧张，在改善生态环境方面，声景观是重要的环节（王樱子，2018）。声景观概念从建立至今，已经得到越来越多学者关注，研究对象涉及城市建成区（Verma et al.，2020；Ma et al.，2021）、城市公园（Soares & Coelho，2016；Zhao et al.，2020；Fang et al.，2021）、旅游目的地（Jiang，2020；Zuo et al.，2020；王晓健等，2021）、宗教场所（Jeon et al.，2014；张东旭等，2017）等，并逐渐呈现出多学科交叉融合的趋势。

美国对国家公园声景观的研究始于 20 世纪 70 年代后期，是最早开展相关研究的国家。美国国家公园管理局下设自然声音和夜空管理司，致力于保护、维护和恢复国家公园的声景观，美国对于声景观的保护管理更加强调自然或是荒野属性的寂静，认为人为干扰产生的噪音是国家公园声景观管控的重点（许晓青等，2016）。Nicholas 和 Miller（2008）描述了美国国家公园管理局管理自然声景观的目标原则、人为噪音的分类标准、定量评估方法；Weinzimmer 等（2014）选取自然声音作为对照，研究了机动噪音对国家公园声景观的影响，与自然噪声相比，机动噪声源对声景观感知评估有不利影响，噪音声源是听觉感知评估的决定因素。在新西兰、澳大利亚、英国、日本等国家，声景观实践也都积累了一些经验。新西兰保护部依据国家公园不同功能分区，制定了不同季节、不同时段的声景观管理标准，引导游客在特定的区域进行声音欣赏（许晓青等，2016）。澳大利亚将旅游引起的噪音作为国家公园声景观管理的重点（张朝枝等，2019）。日本于 1996 年发起了"日本 100 处声景观"遴选活动，对唤醒民众的声景观遗产保护意识起到重要作用。此外，也有一些学者开始关注自然声景观与公众生理、心理健康的关系，Hume 和 Ahtamad（2013）研究了不同声景观对公众心情愉悦、情绪唤醒的影响，同时将公众生理反应与心理反应做了相关性分析，研究认为评估较好的声音会影响呼吸频率，而评估较差的声音则对皮电活动的影响显著。Medvedev 等（2015）调查了在压力刺激或休息一段时间后，声景观对生理指标的影响证实了声景对人类的健康和福祉有积极作用。

整体而言，景观美学感知评估研究主要集中在视觉维度，声景观听觉美学感知研究相对较少，并多以定性研究为主，研究领域以音乐、电影、建成环境等为主（刘承华，2021）。陈克安和闫靓（2006）认为，探索声景观所带来的美好感受，使之具有审美价值，是声景观研究的一项重要内容，同时指出愉悦度可作为声景观感知评估的关键指标。但如何形成科学有效的声景观听觉美学感知理论，并建立起完善的质量评估方法，仍然有待继续深入研究并持续关注。

1.5.4 多主体美学认知与行为偏好

1.5.4.1 国家公园管理中的利益主体认知

《生物多样性公约》第九届和第十届缔约方大会全面回顾了"自然保护地工作方案"（CBD—POWPA）的执行情况，结果显示，"治理、参与、平等和利益分享"这部分内容进展十分缓慢，已经延误了 CBD—POWPA 整体执行进度。全球自然保护地管理问题的日益严重，使得多利益主体问题在国家公园管理中的重要性越来越突出。

全球有超过 50% 的自然保护地位于原住民土地之上，自然保护地生物多样性保护与周边经济发展之间的矛盾冲突是一个世界性问题。大量研究表明（Bystrom & Muller，2014；Daim et al.，2012），利益主体冲突已经成为影响国家公园管理的重要原因。目前，许多国家的国家公园管理部门正逐步允许并吸纳多利益主体参与管理决策（杨锐，2016）。国家公园景观管理涉及自然环境和社会经济两大系统，具有复杂性特征。重视多利益主体认知，能有效解决国家公园景观管理中的各种矛盾冲突，协调各利益群体关系（Micheli & Niccolini，2013）。Lance 和 Hehl（2011）研究表明，通过多利益主体积极参与和反复磋商制定的景观政策，能更好提高自然资源保护效益，缓解地区发展矛盾；相反，缺少利益主体参与的政策或规划方案，则很难实现现状突破。不同的利益主体可能对景观美学有不同的价值认知，不同主体认知背后，牵扯的是历史和当下不同主体间的权力博弈，景观美学认知评估与多个利益主体所持权力与承担责任大小相关。目前，国家公园管理模式正在由"控制—命令"型传统模式向"自下而上"的民主决策模式、由政府主导向多中心的网络化治理、由个体参与向集体参与转变。因此，正确识别和界定景观美学认知主体，厘清不同主体的美学价值认知诉求，是应对国家公园景观美学价值评估过程中各种复杂性和不确定性因素的关键（Spiteri，2011）。

1.5.4.2 多利益主体景观美学认知与行为偏好

国家公园涉及的利益相关者数量较多且关系复杂，其景观美学认知的共性与差异性并存，不同利益主体对于景观美学的期望、偏好，以及由此产生的审美行为都对国家公园管理具有重要影响。正如，国家公园景观美学服务能够同时提供给多种利益主体，同样某种利益主体也能够从不同尺度的景观美学服务中获益（Hein et al., 2006）。以南亚的红树林景观为例，红树林除具有独特的美学价值外，还具有提供贝类生产、防洪护堤、提供水生动物栖息地、保护生物多样性等多种功能。对于外来游客来说，他们关注红树林的人文美学功能；对本地居民来说，他们关注红树林景观的社会美学功能，因为贝类生产与他们生产生活密切相关；而对于中央和地方政府等利益主体来讲，红树林的人文与社会美学价值相对较小，他们更关注体现防洪护堤和生物多样性保护等生态功能。因此，国家公园景观美学评估如果只是基于某类利益主体视角，很可能不为其他群体所接受。统筹考虑不同景观美学价值和不同利益主体的关系，有助于解决自然资源管理中不同主体之间的冲突矛盾（张宏锋等，2007）。

景观美学对不同利益主体具有不同程度的重要性，促使多种利益主体行为之间产生博弈，进而导致景观管理以及生态系统管理措施的调整。对不同利益主体进行比较分析的目的是明确受益主体（戴君虎等，2012），同时也可以得出哪种景观美学价值更应该作为优先考虑的目标。目前，国家公园人财物的管理渠道并未改变，无论是中央直管还是委托省级政府管理，政策之间的协调性以及不同利益主体的行为选择仍是一个无法回避的客观问题。荷兰政府通过调查生态系统服务供给如何影响不同利益相关方，来实现自然保护地管理责任的事权划分（Turner et al., 2000）。因此，多利益主体行为研究不但能增强景观美学评估输出结果的参考价值，还能吸引更多利益相关者参与国家公园事务管理，实现"自上而下"与"自下而上"两种生态系统管理方式的结合，推动不同利益主体在不同景观美学服务价值的权衡、协同中实现生态系统管理的最优化和最公平化（王志芳等，2019）。

1.5.4.3 多主体特征对景观美学认知偏好的影响

不同利益主体对于景观美学的熟悉程度与专业知识水平，会对美学价值认知产生影响，Bourassa（2008）认为熟悉程度与专业知识是反映审美偏好的重要原因。政策制定专家认为的美学价值可能并不等同于当地居民认知的美学价值，当地居民对于美学认知可能来自对于当地景观的熟悉程度；而政策制定专家则可能是基于专业知识而进行的美学评判。一般认为，熟悉程度反映了"内部群体"与"外部群体"两种分类，当地居民属于典型的内部群体，他们的典型特征是对景观熟悉程度较高；而游客则是外部群体典型代表，他们对于景观熟悉程度相对较低。而专业知识水平则反映了"专家群体"与"非专家群体"两种分类，这与他们的受教育程度、社会地位更加相关（Bourassa，2008）。

不同利益主体特征对景观美学认知偏好的影响已得到证实。Berg 和 Koole（2006）先后研究了不同主体特征及不同心理结构需求的群体对景观美学认知的影响，证实居住地、年龄、社会经济地位等主体特征对景观美学认知偏好具有显著影响。Zheng 等（2011）研究了不同专业背景等对社区景观认知偏好的影响，证实农业经济学、园艺学和社会科学专业的学生更喜欢整洁的社区景观，而野生动物科学专业的学生更喜欢自然的社区景观。Lupp 等（2011）研究了不同群体对荒野景观美学的认知偏好，证实老年人和农村居民对荒野景观美学偏好程度较低，高学历人士与环境保护从业者对荒野景观美学认知偏好更高。此外，有研究表明，景观空间熟悉程度也是美学认知偏好不可忽视的影响因素（Tveit，2009；Junge et al.，2011）。Wartmann 等（2021）比较了瑞士各州居民对社区景观美学认知偏好的差异，证实居住时间长短会对景观美学认知偏好产生影响，并与美学质量等级呈现正相关性。

纵观相关国内外研究现状，影响景观美学认知偏好的因素极其复杂，充满着一系列不确定性因素，多利益主体的行为偏好也不是普遍客观与任意主观间简单的非此即彼。因此，在国家公园景观美学研究中，如何探究不同利益主体对于景观美学的认知偏好，以及不同主体的美学价值差异，仍是亟须解决和值得探讨的科学问题。

1.5.5 空间格局和景观美学的关系

景观格局是森林、水域、农田等景观元素的空间布局（俞孔坚，1998）。景观格局与生态过程及其尺度依赖性是景观生态学研究的核心内容（苏常红和傅伯杰，2012）。2013 年英国生态学会创立 100 周年时，曾向全球公布了 100 个当前生态学研究亟须解决的关键问题，其中一个就是"景观格局如何影响生态系统服务"。景观格局与生态过程作为不可分割的客观存在，二者共同影响着景观整体形态与功能变化（Li & Wu，2004），并体现在人类对景观的美学感知层面。目前，国内外学者研究景观格局与美学质量关系时，常采用景观格局指数法（Palmer，2004；Val et al.，2006）。经过多年发展，格局指数包含了破碎化、边缘特征、空间形状、多样性等多种指数，对于景观格局优化与功能布局研究具有重要作用。

黄清麟和马志波（2015）在其翻译出版的《景观美学：风景管理手册》一书中指出，森林景观管理需要厘清 3 个基本问题，即公众如何感知并影响景观；景观如何影响公众；景观在时间与空间上如何不断演变。景观与人的关系，以及在时间与空间维度如何相互影响，对于自然资源管理十分重要。随着人类活动行为的日益加剧，景观格局作为一种驱动力不断改变着生态过程，形成新的土地利用格局，并不断影响着公众的审美感知，而公众对于景观格局的感知行为又会通过政策制定等方式，体现在人们的经营活动上。因此，基于人类活动与人地矛盾之间的高度相关性，景观美学感知和认知评估对于缓解当前国家公园普遍存在的人地矛盾问题具有重要作用。

审美感知作为人们观察和获取服务价值最直接、最快速的方式，景观格局与美学服务之间关系十分密切（Costanza et al.，1997；Gobster et al.，2007）。当前，景观格局与景观美学质量之间的关系已经受到关注，一些学者进行了这方面尝试。Val 等（2006）运用 Fragstat 软件分析了景观格局指数指标，并与景观视觉美学质量进行了相关分析，探讨景观格局与视觉美学质量之间的关系，结果表明，多个景观格局指数与视觉美学质量呈显著正相关，景观异质性对视觉美学质量具有重要影响。Lindemann-Matthies 等（2010）以阿尔卑斯山中东部典型的耕地与草地景观为例，对不同多样性、物种丰富程度的景观空间进行美学感知研究，探究了景观空间组合对美学质量的影响。Palmer（2004）以马萨诸塞州的社区景观为例，运用景观格局指数来预测不同时期居民的景观美学感知，研究结果认为，多数景观感知变化可用空间景观指标解释。Dramstad 等（2006）分析了农业景观结构与视觉偏好之间的相关性，表明景观面积、景观结构、多样性等景观指数与视觉美学质量存在显著相关性，但不同群体之间存在差异。国内学者俞飞和李智勇（2019）通过分析天目山国家级自然保护区的森林景观结构动态变化，探讨了保护区景观格局的美学质量特征。周年兴等（2012）以庐山风景名胜区为例，探究了景观美学质量与景观格局间的关系，结果表明，景观美学质量与水域景观面积呈正相关，与建筑景观面积呈负相关，并指出景观多样性指数、边界密度指数、斑块密度指数与视觉美学质量具有显著相关性。角媛梅等（2006）通过分析景观格局与美学质量的关系，认为景观空间邻接和斑块规模特征对探讨二者关系具有重要意义。陈玲玲等（2016）以南京市为例，以游憩景观作为切入点，探究了景观格局与美学价值间的关系。

整体而言，国家公园不同类型景观的保护方式和利用强度，都会对美学质量和价值产生影响。景观格局、生态过程与景观美学之间是一个驱动与反馈的关系，在当前由于人类活动影响而导致生态功能发生退化的现实背景下，景观美学感知与认知研究能够为缓解日益突出的国家公园人地矛盾、促进人与自然和谐共生提供有益探索。

1.5.6 文献研究述评

在理论范式和技术方法方面，国内外学者针对景观美学研究的相关内容开展了广泛的多视角研究，相关研究成果为本研究奠定了重要基础。中国学者在风景名胜区景观资源评估、自然保护区生态效益评估等方面积累了大量的研究经验和实践，但国家公园由于刚刚起步，系统体现国家公园景观美学的研究还比较薄弱。基于此，本研究做出以下三点评述。

第一，国家公园景观美学研究有待聚焦。

现阶段，国外对于国家公园等自然保护地景观美学的研究成果已经比较丰富，为本研究提供了相应的理论指导和实践参考。然而，国内多数研究都将景观美学作为国家公园生态建设评估体系的一个指标进行研究，忽视作为景观基本功能属性的美的研究。国家公园是全民公益性的重要体现，国家公园体制建设解决的不仅仅是生态问题，更是社会问题与文化问题。此外，在国家公园生态系统服务方面，目前研究多集中在供给、调节与支持等生态服务功能，生态系统文化服务研究相对较少，作为文化服务重要指标的景观美学服务研究更是少之又少。当今社会，不仅人的生产生活环境受到威胁，精神文化环境也受到严重威胁。国家公园景观美学质量高低直接影响着人的精神生存状态。审美作为人们感知和认知景观的关键性途径，其对应的景观美学评估、生态系统美学服务、景观美学服务还均没有受到学术界的关注。

第二，国家公园景观美学研究的思路有待拓展。

国家公园覆盖面积广、涵盖传统保护地类型多、涉及利益相关者数量多且关系复杂，其景观美学质量受到个体感官以及社区居民、政府官员、游客、特许经营者等多群体认知因素影响，并且景观生态价值与美学价值之间固有的复杂关系、驱动力之间的协同作用也普遍存在，这些特性使国家公园景观美学评估研究十分迫切。然而，目前大多数的研究仅仅侧重景观视觉偏好研究，不但忽视了听觉等其他感官的作用，也对不同利益主体的认知存在研究疏漏。因此，有必要构建更为系统、全面的景观美学评估理论与方法，并扩展到国家公园研究领域。

第三，景观美学评估技术与方法有待整合。

在国家公园景观美学相关研究的技术方法层面，现有研究多采用综合指标评估等方法进行指标构建与相应评估，通过主成分分析和层次分析等方法进行权重赋值。该类方法主观性较强，并且尚未形成一套标准统一的评估体系，尤其表现在指标构建等方面。另外，当前国家公园等自然保护地景观美学评估多以质性研究为主，缺乏客观数据量化与实证分析研究。上述问题导致现有自然保护地美学研究在技术方法层面尚未取得实质性突破和相应技术创新，也影响了研究的客观性和准确性。国家公园景观美学质量和价值研究具有明显的多学科交叉属性，既需要借鉴前人研究成果，同时也更需要推陈出新。另外，欧美国家虽然建立国家公园较早，相应的研究理论与实践经验为研究国家公园景观美学提供了多种途径，但其中的线索并不十分清晰，亟须立足本土文化开展更为系统、全面的探索研究。

1.6 研究目的和意义

1.6.1 研究目的

针对我国国家公园景观美学资源本底不清、美学评估方法不完善、美学价值缺乏实现机制等现实问题，本研究目的是将景观美学的质量和价值评估应用于国家公园管理，并推动美学文化因素融入生态系统管理决策，满足当前社会日益增长的生态系统文化服务需要。本研究以期从景观美学视角回答以下 4 个问题：① 国家公园不同景观的视觉美学质量与感知行为有何异同？② 不同声景观的听觉感知行为偏好与审美差异有哪些？③ 不同利益主体及其人口特征如何影响美学价值认知？④ 景观美学感知和认知如何应用于国家公园管理？研究结果对于促进多学科交叉融合、丰富和拓展林业经济管理学科参与国家公园研究的广度和深度具有重要意义，同时为体制改革试点完成后国家公园的科学规划、建设管理、政策制定、保护利用提供科学依据。

1.6.2 研究意义

（1）探讨美学价值对国家公园生态系统保护的指导作用

景观美学既体现在形态层面，也体现在生态系统的良性运转轨迹之中，景观美首先是一种生态功能美，是生态系统稳定结构和功能的生命美，是融合自然美、社会美和艺术美的有机整体。开展多感官、多主体的美学评估研究，既能为国家公园制定发展战略提供支撑，又能进一步完善国家公园遴选标准，更好地"代表国家形象""彰显中华文明"；同时，也可在资源受到破坏时及时获取价值损失的货币量，以便制定合理的生态补偿政策或者税收制度。从这个角度来说，科学合理的景观美学评估结果是促进国家公园实现资源优化配置的关键性力量。美学感知与认知作用在国家公园科学管理过程中不可回避，它具有引导国家公园自然资源合理保护与科学利用的双重作用，以景观美学评估作为研究内容，对优化国家公园生态系统管理具有重要意义。

（2）对于美丽中国建设及其相关理论研究具有重要参考意义

党的十九大报告把建设美丽中国提到了战略地位的高度。国家公园是美丽中国精华所在，是优质生态产品重要来源，是人民群众亲近自然、感受自然之美、享受美好生活的重要场所。国家公园为全体国民所共有，是可供全体人民共享的美好生态环境，国家公园所包含的内在属性与"美丽中国"的建设目标相一致。从这一角度来讲，只有国家公园达到一定美学标准，才能最大程度激发社会资本投入，实现自然资源生态保护与科学利用；也只有国家公园足够美丽，才能促进公民对自然资源的自觉性、自发性保护，实现公众享有保护权、参与权、收益权和监督权的可持续发展新模式。本研究集成景观美学研究方法与成果，采用视觉眼动追踪技术、生理反应测定实验、声学参数测定、ArcGIS 空间分析、大样本问卷调查等技术方法，将森林经理学、生态学、经济管理学和美学等多学科理论结合起来，研究国家公园景观美学感知与价值认知，并将其应用于景观功能区划与森林资源管理决策制定等领域，这对于当前生态文明建设背景下美丽中国建设具有重要意义。

1.7 研究内容和技术路线

1.7.1 研究内容

本研究选择钱江源国家公园体制试点区为研究区域，采用林业经济管理、森林经理学、生态学等多学科理论，通过心理物理实验、模型模拟、ArcGIS 空间分析、大样本问卷调研等技术方法，从影响景观审美的关键因素入手，在以下四个方面进行深入研究，即本研究的重点内容。

（1）国家公园景观视觉感知行为与美学质量评估

定量评估钱江源国家公园体制试点区景观视觉美学质量，阐明不同景观的视觉审美差异；分析体制试点区不同景观的视觉眼动行为表现（平均注视时间、首次注视时间、平均眼跳速度、平均眼跳幅度、注视频率与眼跳频率等），阐明人口特征对眼动行为的影响，探究不同景观的视觉眼动热力分布与路径轨迹，揭示体制试点区景观视觉感知行为规律；研究体制试点区景观感知对公众心率、呼吸频率和皮肤电导率等生理反应的影响，促进理解钱江源国家公园体制试点区不同景观的视觉感知与审美差异。

（2）国家公园声景观听觉感知行为与美学质量评估

分析钱江源国家公园体制试点区不同声景观的响度、频率与喜好度等听觉感知行为表现，阐明声景观感知行为对感官满意度的影响；关联声景观响度、尖锐度、粗糙度、波动度等客观声学指标与主观愉悦度之间的关系，构建声景观听觉美学质量评估模型，定量评估体制试点区声景观听觉美学质量，揭示体制试点区不同声景观的听觉审美差异；研究声景观感知对公众心率、呼吸频率和皮肤电导率等生理反应的影响，促进理解体制试点区不同声景观听觉感知与审美差异。

（3）国家公园景观美学心理认知行为与价值评估

构建钱江源国家公园体制试点区景观美学价值评估指标体系，分析社区居民、管理人员和游客等多利益主体对体制试点区景观美学价值的认知程度，阐明不同主体人口特征对景观美学价值认知的影响；分析多利益主体对不同景观美学价值认知的权重表现，定量评估体制试点区景观美学价值认知，揭示不同利益主体的认知行为偏好；研究体制试点区景观美学价值支付意愿，探讨影响美学价值支付意愿的主要因素，为促进体制试点区景观美学价值的转换实现提供支撑。

（4）国家公园景观美学服务功能区划与优化策略

分析钱江源国家公园体制试点区的景观类型组成和空间格局特征，阐明基于物理感知和心理认知的体制试点区景观美学服务空间分布规律；结合国家公园功能区政策调整，从景观美学感知与认知视角，提出钱江源国家公园体制试点区的景观美学服务功能区划方案与森林美学优化对策。

1.7.2 拟解决的关键问题

针对我国国家公园景观美学资源本底不清、美学评估方法不完善、美学价值缺乏实现机制等现实问题，本研究从物理感知与心理认知层面，对钱江源国家公园体制试点区景观美学进行定量评估，拟解决如下三个关键问题：

① 集成多类型自然保护地集中区域的景观美学评估方法，实现国家公园景观美学质量和价值的科学量化；

② 界定影响国家公园景观审美的物理感知与心理认知因素；

③ 景观美学质量与价值的尺度转换及其空间应用。

1.7.3 技术路线

本研究立足林业经济管理与森林经理学等多学科视角，从影响景观审美的关键因素出发，构建了"视觉感知—听觉感知—心理认知"的国家公园景观美学评估框架，选取钱江源国家公园体制试点区为研究区，开展景观美学质量和价值评估研究，技术路线如图 1-1 所示。首先，本研究基于现实与理论背景，提出开展国家公园景观美学评估研究的科学问题，界定相关概念内涵、综述已有研究成果，作为本研究的基础。其次，借鉴景观美学、景感生态学与生态系统服务等相关理论，参考国内外景观美学评估理论与实践方法，构建国家公园景观美学评估框架，作为本研究的理论部分。再次，本研究从视觉感官、听觉感官、心理认知三个层面对钱江源国家公园体制试点区景观美学开展评估分析，明晰多感官、多主体的景观审美差异与感知认知偏好，也是本研究的实证部分。最后，基于物理感知与心理认知评估，对钱江源国家公园体制试点区空间布局提出景观美学服务功能区划方案与优化对策。

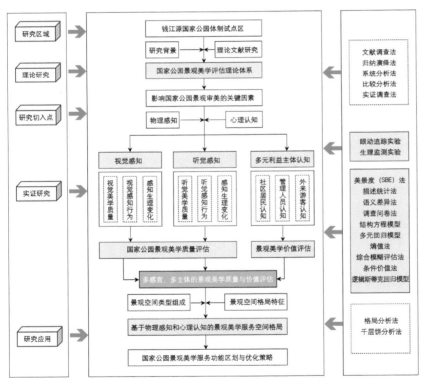

图1-1 技术路线图

2 | 研究区概况

钱江源国家公园体制试点区是首批设立的 10 个体制试点之一。本章在对钱江源国家公园体制试点区区位条件、自然环境与社会经济进行总结分析的基础上，从自然景观和人文景观两方面梳理体制试点区景观美学资源，总结研究区美学资源特征。

2.1 区位条件

钱江源国家公园体制试点区（简称"体制试点区"）位于浙江省西部，地处浙江省、江西省和安徽省三省交界处，素有"鸡鸣闻三省"之说。体制试点区面积约 252.38km²，是实现中东部地区生态环境质量根本好转的重要连接性节点区域，与安徽省黄山市的岭南省级自然保护区和江西省上饶市的江西婺源森林鸟类国家级自然保护区相邻，其体制试点建设将为浙皖赣及其周边地区的生态文明建设提供示范带动作用。

体制试点区是由古田山国家级自然保护区、钱江源国家级森林公园、钱江源省级风景名胜区 3 处自然保护地整合而成，共包括核心保护区、生态保育区、游憩展示区、传统利用区 4 个功能分区（图 2-1），面积分别为 72.33km²、135.80km²、8.12km² 和 36.13km²。体制试点区土地资源权属复杂，国有土地 48.64km²，主要包括开化林场齐溪分场、苏庄分场和古田山国家级自然保护区，占体制试点区面积的 19.27%；集体土地 203.52km²，占体制试点区总面积 80.64%。体制试点区包括苏庄、长虹、何田与齐溪 4 个管理片区，每个片区有独立的执法所。由于体制试点区生态系统在东部地区的重要性，为保持现有保护地的完整性，以钱江源流域为基础，考虑保护效果，体制试点区未来将整合

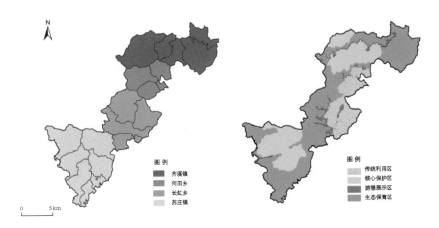

图2-1 钱江源国家公园体制试点区功能区划图

安徽休宁、江西婺源等跨界保护地实行统一管理。

2.2 自然环境概况

体制试点区属白际山脉南麓，位于浙江省西部的中低山丘陵地区，地形变化复杂，海拔相差较大，高山丘壑，谷狭坡陡，脉络清晰。体制试点区属中亚热带（北缘）季风气候，四季分明，年降水总量为1963mm，相对湿度为92.4%，日平均气温为16.2℃，年日照总时数为1334.1h。体制试点区河网水系丰富，是钱塘江的发源地，主要包括古田山和钱塘江两大水系，古田山水系是长江水系乐安江的支流，经苏庄溪流入江西省；钱塘江水系经齐溪水库流入常山港。体制试点区土壤类型多样，涉及水稻土、沼泽土、红壤、黄壤等类型。体制试点区属于常绿阔叶林分布区，森林覆盖率达81.7%，动植物种类丰富，是白颈长尾雉、黑麂、云豹等国家重点保护野生动物的栖息地。

2.3 社会经济概况

体制试点区范围内涉及苏庄镇、齐溪镇、何田乡和长虹乡4个乡镇，人口共计9544人。其中，苏庄镇383户1030人，包括横中村、余村、唐头、溪西、毛坦、苏庄、古田等 7 个行政村 22 个自然村；长虹乡 1044 户 3825 人，包括霞川、真子坑、库坑等 3 个行政村 24 个自然村；何田乡 587 户 2068 人，包括高升、陆联、田畈、龙坑 4 个行政村 15 个自然村；齐溪镇 659 户 2621 人，包括里秩田、仁宗坑、上村、左溪、齐溪 5 个行政村 11 个自然村。

体制试点区产业结构相对单一，居民经济收入主要来自农林产业和外出打工，约占总收入的 80% 以上。其中，农业生产以稻谷和玉米等作物为主，经济林以油茶为主。经济发展主要依靠竹木生产、茶叶及其他农林副产业产品，农家乐等旅游休闲产业还处于起步阶段，以自发经营为主，尚未形成规模。

2.4 景观美学资源概况

2.4.1 自然景观美学资源

2.4.1.1 地文景观

独特的地形地貌塑造了丰富的地文景观，体制试点区山体气势雄伟、群峰竞立、谷涧交错，拥有山丘、谷地、岩穴、河流阶地、峡谷等地质地貌景观。其中，外溪岗海拔 1266.8m，莲花尖 1136.8 m，多数高差在 300m 以上，西部区域高差达 450m 以上，构成了国家公园景观美学资源的基本骨架。地文景观美学资源主要包括古田山、莲花尖、乌云尖、华山竹海、台回山、石耳山、凉帽尖等山丘景观，八仙听经石、卧牛听经石、石魔石、枫楼台、弈仙奇石、罗汉参禅、戏猴台等山石景观，钱江源大峡谷、卓马峡、龙山峡等峡谷景观。

2.4.1.2 森林景观

体制试点区森林资源丰富，本研究主要从阔叶林景观、古树名木景观两方面对森林景观美学资源进行阐述。在阔叶林景观方面，呈原始状态的大片低海拔中亚热带常绿阔叶林层次结构丰富，林相优美，是植物景观的重要组成部分。体制试点区的常绿阔叶林通常分布在海拔 260~800m 山坡和山麓区域，是典型的甜槠 – 木荷林，具有明显的群落优势。此外，根据中国科学院植物研究所对体制试点区古田山片区的树种及其分布格局分析可知，古田山片区主要植被类型包括常绿阔叶林、常绿落叶阔叶混交林、暖性针阔叶混交林、温性针阔叶混交林、暖性针叶林和温性针叶林等（陈彬等，2009）。在古树名木景观方面，据钱江源国家公园管理局提供的2013年普查数据，开化县有古树名木29科72种3301株，其中，树龄大约500年以上的就有191株，300至499年的有606株，体制试点区内苏庄镇、长虹乡等区域都保存着众多名木古树，这些古树名木的保护，不仅有利于维护村落周边的生态环境，也是对历史文化的传承。森林景观美学资源主要包括阔叶林海、溪口古樟群、红豆杉林、长柄双花木林、北美香柏林、黄山松林等。

2.4.1.3 水域景观

在山水自然美的构成中，水是不可缺少的重要组成部分。山赋水以形态，水赋山以生意，两者刚柔相济，青山绿水的诗意和山清水秀的神韵是钱江源国家公园体制试点区自然美的基本写照。

水域景观美学资源的最大特色在于莲花尖是钱塘江在浙江省的发源地（图2-2）。1956年，水利部《钱塘江流域勘察报告》把衢江上游定为钱塘江正源。水域景观美学资源主要包括苏庄溪、长虹溪、莲花溪、秀滩等河段景观，莲花塘、枫楼湿地、潜龙潭、天子湖、仙人池、三星潭等天然湖泊与池沼景观，古田山飞瀑、神龙飞瀑、观音足瀑布、水竹湾瀑布、双龙瀑、石龟饮泉、卓马飞瀑、彩虹飞瀑、源井瀑布、弯月潭瀑、龟蛙瀑、天梯瀑、龙山神泉等瀑布景观。

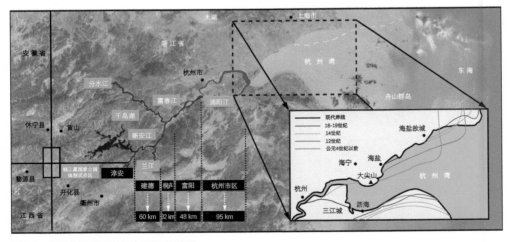

图2-2 体制试点区与钱塘江水系关系示意图

2.4.2 人文景观美学资源

　　钱江源国家公园体制试点区人文景观美学资源丰富，主要包括遗址遗迹、聚落、宗教等人文景观（表2-1），以及风土人情、人文活动等非物质文化景观。

表2-1　体制试点区范围内重要人文景观资源

名称	年代	类型	地址
中共浙皖特委旧址	近现代	近现代重要史迹及代表性建筑	何田乡福岭山
田畈怡睦堂	清	古建筑	何田乡田畈村
余村余氏祠堂	清	古建筑	苏庄镇余村村
余氏鸣凤堂	清	古建筑	齐溪镇余家村
姜家祠	清	古建筑	苏庄镇苏庄村
中共开婺休中心县委旧址	近代	近现代重要史迹及代表性建筑	长虹乡库坑村
方永同公祠	清	古建筑	苏庄镇唐头村
龙坦窑址	元-清	古建筑	苏庄镇龙坦村对面
田畈钟楼	清	古建筑	何田乡田畈村大桥头
徐庆堂	清	古建筑	齐溪镇岭里村
凌云寺	清	古建筑	苏庄镇古田山上
文昌阁	民国	古建筑	苏庄镇苏庄村
集贤祠	民国	古建筑	长虹乡霞坞村
溥源堂	清	古建筑	齐溪镇王家村
潦田汪氏大宗祠	清	古建筑	苏庄镇潦田村
苏庄福庆庙	清	古建筑	苏庄镇苏庄村
高田坑廊桥	清	古建筑	长虹乡高田坑村
范氏宗祠	清	古建筑	长虹乡五林村
亦顺堂	清	古建筑	齐溪镇岭里村
立诚堂	清	古建筑	苏庄镇余村村
唐头桥	清	古建筑	苏庄镇余村村
水东桥	清	古建筑	苏庄镇唐头村
永安桥	清	古建筑	长虹乡昔树林
顺应桥	清	古建筑	长虹乡河滩
荫木禁碑	清	石窟寺及石刻	长虹乡莘田
越国宗祠	清	古建筑	齐溪镇汪家
世德堂	清	古建筑	苏庄镇龙坦村
世和堂	清	古建筑	苏庄镇富户
富户遗址	新石器	古遗址	苏庄镇富户
义和堂	清	古建筑	苏庄镇大坂湾

注：根据钱江源国家公园管理局提供材料整理所得。

2.4.2.1 遗址遗迹景观

开化县是浙西革命老区，陈毅等众多老一辈革命家都曾在此率部进行革命斗争。体制试点区正是先烈们革命斗争的场所，形成了众多遗址遗迹景观。主要包括闽浙赣省委机关旧址、中共浙皖特委机关旧址、中共开婺休中心县委旧址等军事遗址，朱元璋点将台、方志敏血战菜刀岗等历史事件发生地景观。

2.4.2.2 聚落景观

体制试点区保存了大量传统乡村建筑和特色社区，乡村建筑以江南派系的徽式建筑为主，主要包括苏庄姜家祠、寿山堂、方永同公祠、平阳堂、余氏祠堂、吴氏祠堂、范氏宗祠、怡睦堂、叙伦堂、集贤祠、程氏宗祠等古建筑，三省界碑、钱江源头碑等碑碣景观，高田坑村庄、田坑古民居、霞坞老屋、状元村等乡村景观。

2.4.2.3 宗教景观

凌云寺是体制试点区内的历史名胜，始建于宋太祖乾德年间，故名"古田"。寺庙坐北朝南，周围群山古林，门前有田，田畔有家，所以又称"古田庙"。据记载，莲花塘边曾有一座较为壮观的尼姑庵，始建年代无考，称为"莲花福地"，相传香火盛极一时。位于齐溪镇水湖区域汪公岭处，原建有一寺庙，名汪公庙，又因坐落于江源村村口，亦称"江源古刹"，因造水库而被淹没，但其在群众中影响很大。宗教人文景观主要包括华严古刹、古田庙、文昌阁、凌云寺、福庆庙等。

2.4.2.4 非物质文化景观

体制试点区是浙江省钱塘江的发源地，历史悠久，文化底蕴深厚，具有丰富的源头文化、山水文化和森林文化内涵，形成了满山唱、凳龙、扛灯、高跷竹马、横中跳马灯和马金扛灯等民间传统文化活动，保留着嫁妆桥、莲花尖、龙顶茶等民俗传说。此外，体制试点区地处中国人口稠密的东部发达地区，内部拥有74个自然村落，积淀了丰富的聚居智慧。历史上以山地农耕和林业生产为主要生计来源，民风淳朴，民俗丰富，在农林业生产过程中创造了极为朴素的环保观念和风俗理念，形成了杀猪禁渔、杀猪封山、古田保苗节、开秧门、割青等传统生态智慧。

　　综上，钱江源国家公园体制试点区具有南方集体林区的典型特点，集体林地占比高、权属复杂，导致美学价值与生态、经济以及游憩等价值之间既相互交融、又彼此矛盾。景观美学是国家公园的基本属性，同时牵扯国家公园各级管理部门、社区居民、游客的共同利益。美学感知认知问题关乎钱江源国家公园体制试点建设成败，如何通过景观审美及美学评估，平衡协调钱江源国家公园体制试点区生态保护与地区发展之间的矛盾冲突，将是中国东部人口密集地区未来国家公园科学研究的重要议题。

3 | 国家公园景观美学评估理论体系

国家公园是人与自然和谐共生的一种理想形态，是涵盖自然、社会、文化多元素的复合生态系统，这决定了对作为审美对象的国家公园，不能单纯使用纯粹的哲学研究范式，而是需要基于森林美学、生态美学等相关学科基础进行研究。本章主要对景观美学相关理论进行阐述，并分析了多个国家和组织的评估技术方法。在此基础上，构建本土化的国家公园景观美学评估框架。

3.1 理论基础

3.1.1 生态系统服务理论

生态系统服务（ecosystem services）是指生态系统形成及维持的人类赖以生存的自然环境条件与效用，是人类从生态系统获得的所有惠益（Daily，1997）。20 世纪 90 年代，Daily（1997）发表的《Nature's services》和 Costanza 等（1997）发表的《The value of the world's ecosystem services and natural capital》两篇论文，推动生态系统服务从概念性研究到了系统化研究的新阶段。当前，生态系统服务研究已由服务价值核算向与人类福祉耦合关系等方向转变（Carpenter et al.，2009；Sutherland et al.，2013；王志芳等，2019）。

生态系统服务主要由供给服务、调节服务、支持服务和文化服务构成，其中，文化服务与景观美学联系最为紧密。谢高地等（2015a）将景观审美作为文化服务指标，采用价值当量因子方法，对我国开展了生态系统服务价值量评估，并指出文化服务在生态系统服务中占 3.81%。景观美学服务是人与景观交互过程中获得的美学体验惠益（马彦红等，2017），是与人类关系最为紧密的服务类型之一。国家公园管理难题主要是国家公园的多种生态系统服务并非相互独立，它们彼此之间存在着此消彼长的权衡和相互增益的协同关系，并被提供给不同的利益相关方，影响着不同利益主体的行为。不管是生态服务功能，还是美学服务、游憩服务等其他功能，人们对生态系统服务的过度强调，必然会损害和影响其他生态系统服务（张宏锋等，2007）。因此，如何在生态保护的基础上，优化提升景观美学服务功能，并化解彼此间的冲突矛盾是推进国家公园保护利用的一项重要挑战（Turner et al.，2000；Bryan，2013）。

物质量和价值量评估是生态系统服务最常用的评估方式，前者主要用于生态系统服务能力评估，后者则主要用于生态资源资产与生态补偿的价值评估。虽然这两种评估方法的对象是统一生态系统，但如果分别采用两种评估方式往往会出现相互矛盾的结论（赵景柱等，2000）。对于国家公园这种典型自然景观，如果单纯采用价值量评估，其结果可能很难反映生态系统服务能力水平，影响对其服务能力的判断。因此，生态系统美学服务的评估，应以物质量为基础，同时结合价值量评估手段，这样才能更好地支撑和服务于国家公园的科学管理。

3.1.2 景观美学理论

3.1.2.1 国家公园景观审美关系

审美关系的建立，是人区别于一般动物的重要依据（朱志华，2019）。国家公园景观美学资源丰富，同样的自然声，在动物听来可能单纯只是一种声响；而在人听来，那可能是给人带来愉悦感的乐曲。这是因为动物与这段声音没有构成审美关系，而人与声景观构成了审美关系，并使声景观具备了美学价值。审美关系决定着对象的潜在价值，没有审美关系，审美对象只能具备审美价值的潜能，而不能具备真正意义上的价值。因此，在国家公园景观的审美关系中，作为审美主体的人与作为客体的景观相互依存，离开了审美主体，国家公园景观的美学价值潜质便无法实现，只能作为一般意义上的"景"存在；反之，脱离国家公园景观，作为审美主体的人也毫无意义。

在人与国家公园景观的审美关系中，人的感官活动起着基础作用，这其中视觉感官占比最大、听觉次之。此外，心理、情感和社会历史等因素也起着重要作用。审美关系作为人与审美对象特有的关系，既有社会群体的共同性，又有主体个体的差异性。通过人与国家公园景观审美关系的建立，人与自然紧密联系在一起，并推动着不同主体乃至人类社会深化对自然的认识。此外，受个体年龄、性别、受教育程度等人口特征影响，国家公园景观审美关系也表现出明显的个体差异性。因此，在国家公园景观美学研究中，对于审美主体的研究既需要关注作为个体的感知差异，同时也要强调不同社会利益主体的比较。

3.1.2.2 国家公园景观审美活动

国家公园景观审美活动是由审美关系中的主客体共同成就，人作为审美主体在这其中起着主导作用。人与国家公园构成的审美活动既是精神活动、文化活动，同时还是一项本能的生存活动。人类来自自然，对自然的需求是一种本能，这赋予了国家公园审美活动的基本属性。人与国家公园的审美活动主要有三个典型特点：一是主体性特征。国家公园景观审美活动以人的生理感官需求为基础，目的是满足主体的精神需要。儒家认为审美活动是实现人生自我价值的关键方式，道家把审美活动视为摆脱困境、回归自然的重要途径，这都反映了审美活动的主体性原则。二是非现实性特征。人与国家公园的审美活动植根于自然生命深处，并以此为基础贯通自然与社会。在这一活动中，人与对象以自然为基础，以国家公园景观的感性形态为中介，实质上超越了景观对象的物体。并在此基础上反映出情感需要，因此说这一审美活动并不是人与国家公园景观物体发生关系，而是人与景观感性风貌的一种活动。正如白居易《花非花》所云："花非花，雾非雾。"三是物我同一性。在人与国家公园景观构建的审美活动中，人与景观之间不是对立关系，而是通过人的主观能动性与作为"物"的景观实现融合，并在"物我"二分基础上进而达到"浑然忘我""天人合一"的精神境界。

3.1.2.3 国家公园景观审美意象

人的主观创造力与景观的美学潜能共同创构了国家公园景观审美意象。曾有学者将"美"作为景观美学研究的重点，这实际上是把审美对象看作了"美"，属于典型的"美在客观说"（朱志华，2019）。在国家公园景观科学研究中，我们必须明确，通常所说的美，实际上应该指审美意象。从这个意义上讲，我们通常所说的"国家公园景观美"，不是单纯的景观物象美，而是景观物理特征与人的主观活动共同作用创造的审美意象，是虚实相生的结果。判定国家公园景观美学质量与价值高低，需要考虑不同感官生理、主观心理以及不同社会主体因素。

3.1.2.4 **国家公园景观审美模式**

根据史蒂文·布拉萨（2008）理论研究，景观审美方式分为"分离式""参与式"两种模式，康德和杜威分别是这两种审美模式的代表人物。"分离式"的审美模式基于艺术的审美方式发展起来，所谓分离，就是将审美主体与审美对象分离，这要求人们对自然环境的欣赏也要像欣赏艺术品一样，更多地欣赏它的体量形式与外观。"参与式"审美模式则认为审美活动也是人们的日常活动之一，审美是使人感到愉悦的一种经验。这两种审美模式的差异主要体现在处理审美主体与审美对象之间的关系上，反映了不同时期与社会背景下的哲学态度，也体现了对待人和自然关系的两种不同态度。前者强调人与物的分离，后者强调人与物的统一。

山水林田湖草是生命共同体，人与自然更是不可分割，这要求我们从生态整体思想出发，思考国家公园景观的审美方式。国家公园景观审美应是基于生态系统和谐稳定这一功能基础之上，将体现国家公园生态系统原真性的"真"、游憩等服务功能的"善"与景观的"美"相结合，实现"真—善—美"的有序互动。

综合来看，本研究认为，撇开"美"的本质分析与抽象化讨论，就国家公园景观"美"的属性而言，我们可以得到以下几个推断：第一，国家公园景观美必须依托审美客体，也即是国家公园景观，这同时也是景观的基本属性之一；第二，人与国家公园景观形成的审美活动，是一种主观评估活动，离开审美主体，国家公园景观只是具备美的潜质，而不具备美学价值；第三，国家公园的景观美是景观物理特征与人的主观活动相互作用产生的意象。

3.1.3 景感生态学理论

景感生态学（landsenses ecology）是一个新理论，目前还处于探索阶段（邓红兵等，2020），但其主导思想对于国家公园景观美学研究以及当前生态系统管理具有重要借鉴作用。2016 年出版的 SCI 专辑《景感生态学与面向可持续发展的生态规划》，在国际上首次提出了景感生态学和景感生态规划的概念。2020 年中国生态学学会、中国科学院共同主办的《生态学报》推出了"面向可持续发展的景感生态学研究"专刊，收录了 19 篇有关景感生态学的论文。

2021 年中国科学院城市环境研究所成立了景感生态学研究中心。景感生态学既包含了现代生态学原理，又区别于基于尺度与对象变换形成的生态学分支学科，同时吸收了中国优秀传统生态文化精髓，是对中国现代科学与传统文化的高度概括及集中体现。

景感生态学是一门以人的感知为基础的生态学学科（Shao et al., 2020），能为土地利用规划与管理提供支持（赵景柱，2013；唐立娜等，2020）。该理论基于现代生态学基本原理，关注生态系统与人类福祉二者关系，并以可持续发展为目标。该理论融合了自然要素、社会经济要素、物理感知要素、心理认知要素以及过程风险等要素，可以帮助政策制定者更好地理解不同社会群体对于景观的感受，并将感知类数据融入政策制定、规划实施以及评估过程，体现公众对于良好生态环境的愿景与需求，从而为人与自然和谐共生提供支撑。

景感评估是景感生态学的重要研究领域，它主要通过物理感知和心理认知两类指标进行表征。物理感知涉及视觉维度、听觉维度、触觉维度等多感官维度，其中，视觉维度主要包括文化景观、植被景观、水体景观等景感指标；听觉维度主要包括风声、水声、人声、动物声、播报声、噪声等声景景感指标。心理认知是指人们基于对景观的物理感知而形成的认知反应，包含安全、文化、伦理等多个维度，涉及审美能力、民俗风俗、文学艺术、行为规范、道德准则等景感指标。作为一个新理论，一些学者利用上述景感评估指标和方法开展了探索实践。例如，Zhao 等（2020）研究了自然声景对环境恢复效能的影响，指出鸟鸣在不同季节具有不同的恢复效果，他认为在区域规划管理中，应该将人的感知、认知因素应用于空间设计层面。Shao 等（2020）以黄山迎客松、中国科学院城市环境研究所、厦门鼓浪屿为例，研究了最优的视觉感知空间尺度，指出景感评估能为指导土地利用规划与设计提供科学依据。因此，作为生态文明缩影的国家公园，应该在其生态保护过程中更加重视人的感知和认知因素。

3.2 技术方法

3.2.1 美国景观视觉美学评估

20 世纪 60 年代开始，美国生态学、经济学、林学、景观学等多领域专家围绕景观视觉美学评估理论与方法等内容，开展了多项研究与实践探索。例如，1973 年"景观价值观、认知与资源会议"、1979 年"视觉资源分析与管理的应用研究会议"等（鲁苗，2019），这些会议就景观美学价值、景观视觉特征、景观偏好等问题展开了系统讨论，并为各国景观美学评估体系构建提供了思路借鉴。其中，美国林务局的景观视觉管理（VMS）、土地管理局的视觉资源管理（VRM）方法应用最为广泛。

3.2.1.1 美国林务局景观视觉管理（VMS）评估方法

美国林务局景观视觉管理（VMS）评估的目的主要包括：确立国家森林景观美学质量分级标准、为视觉美学质量变化建立管理目标、制定基于美学的土地管理规范、探索达到视觉管理目标的替代方案、将视觉美学评估整合到土地利用过程、识别自然景观视觉变化强度等。该评估系统将多样性作为视觉质量分级的重要依据，认为"越多样""越多变"的自然景观，其美学价值越大。VMS 评估方法主要从地形地貌、岩石形态、植被覆盖度、湖泊形态、河流形态等方面构建评估指标，并将森林景观视觉质量分为独特景观、一般景观与低劣景观三级。其中，独特景观要求总分在 18 分以上；一般性景观要求总分在 12~18 分；低劣景观的总分则在 12 分以下。VMS 方法旨在对森林资源视觉质量进行评估分级基础上，采取不同的视觉管理目标。对于有独特森林资源种类和高敏感度的区域，林务局会采取"保存或保留"的管理方式，在视觉层面只允许有细小的改变；而对于森林资源种类较少和低等敏感度的景观，管理方式则一般是"部分保留""改造"和"最大限度改造"等。美国林务局 VMS 评估方法是美国景观美学评估的主要方法，更适用于森林覆盖高的山地区域。随着社会发展与景观审美趋势的变化，VMS 评估指标也在不断修正完善，融入了更加精细化的美学特征指标，统筹了其他森林经营活动。

3.2.1.2 美国土地管理局视觉资源管理（VRM）评估方法

美国土地管理局的视觉资源管理（VRM）方法主要以景观视觉评估模型为基础，早期的 VRM 评估标准强调景观线条、色彩、形体等视觉元素，并将"形式美"原则作为土地管理局开展景观视觉资源质量评估、保护管理和利用的重要标准。VRM 评估过程一般包括土地单元划分、景观视觉资源与敏感度评估、视觉管理目标确定与实施监测三个关键性步骤。景观视觉质量主要包括三级：总分 1~11 分属于低等视觉质量级别、12~18 分属于中等视觉质量级别、19~33 分属于高等视觉质量级别。美国土地管理局根据景观视觉美学质量级别进行土地空间划分，主要包括保护区、保留区、部分保留区、改造区及最大程度改造区等五类空间。整体而言，VRM 评估方法适用于相对稀疏的林地、半干旱的盆地、牧场草地、丘陵和平原等景观区域。随着资源保护与利用理念的不断完善，VRM 评估方法开始将景观的奇特性作为评估指标，同时考虑了人工景观对自然景观的潜在影响，并从景观的视觉层面加强了敏感性评估，通过上述评估结果综合判定景观资源等级，评估体系更加完善。相比美国林务局 VMS 评估方法，VRM 评估方法具有操作性强、方法简单便捷、评估结果直观且有效的显著特点，这对于国家公园等自然保护地景观美学评估具有重要参考意义。

3.2.2 英国景观特征评估

景观特征评估（landscape character assessment，LCA）是 21 世纪初期，英国为执行《欧洲景观公约》而开发的一种包含景观美学内容在内的工具方法。《欧洲景观公约》凸显了景观的复杂性，该公约强调了景观的空间实体性、可感知性、历史人文性、自然与文化融合性以及法制性等特征（赵烨和高翅，2018），英国 LCA 正是在此框架下产生。LCA 以景观特征分类为主，将具有相同或相近特质的景观资源归为一类，不再以行政边界作为界限，同时注重定性指标和定量指标的结合，主要目的是帮助理解景观的历史、现状与演变过程，而并非评估景观的好坏（Swanwick，2002），这是与美国林务局 VMS、美国土地管理局 VRM 等评估方法最大的不同。

LCA 具有景观价值中立、尺度分级、特征因子代表性等 3 个特点。LCA 认为所有的景观都具有价值性，没有优劣等级之分，并将评估层级划分为国家、区域、地方 3 个尺度，前两个尺度强调地理景观的特征识别，而后者则更加强调人的感知因素。此外，LCA 认为影响景观形成的因素众多，需要提取代表性强的关键因子进行景观评估。

LCA 对英国国家公园的景观评估与管理具有重要作用，并通常与《国家公园管理规划》(《National Park Management Planning》,简称《NPMP》)一同颁布,且具有同等重要性,二者相互渗透和补充,英国国家公园管理局对 LCA 具有权属责任。国家公园景观特征评估包含了 3 种技术方法:一是强调景观特征客观分类的景观描述单元法;二是强调类型和区域划分的景观地图法;三是强调自然因素和文化因素并重的综合评估法。英国国家公园管理局通常依据 LCA 评估结论,对不同功能区提炼关键特征,针对景观保护区、景观强化区、景观恢复区和景观更新区等不同景观特征类型区域提供规划建议,明确景观规划和发展策略。例如,威尔士国家公园景观特征评估包括地理景观、景观生境、视觉感知、历史景观、文化景观等五类因子;苏格兰与英格兰景观特征评估包括自然、文化与社会、审美感知等三类因子。英国国家公园尊重了原住民对本土景观特征的影响,强调景观的自然和文化整体价值(景莉萍和廖劢,2021)。NPMP 认为景观规划不应单纯以视觉审美属性为导向,而应是过去和现在、优质和退化、表征和非表征景观的整体认知与综合管理,这回应了 20 世纪 70 年代后期文化景观现象学对"景观作为视觉现象"的批判。

3.2.3 世界自然遗产美学评估

"突出普遍价值"(outstanding universal valus, OUV)是世界遗产的核心价值表述,其定义描述强调了世界遗产的文化性与自然性,并用 10 条标准进行判别。文化遗产涉及其中的 6 条(i, ii, iii, iv, v, vi),自然遗产涉及其中的 4 条(vii, viii, ix, x)。vii 条"具有特殊自然美和美学重要性的奇妙自然现象或地区"主要用于自然遗产美学的突出普遍价值评估。一直以来,对"自然美"标准的使用一直存在争议,因为对于美学标准的判断相对较为主观,与适用于自然遗产的其他标准对比,"自然美"标准的应用有限,也不够系统和严格。IUCN 通过针对"自然美"标准的系统研究,2005 年将其界定为最高级的自然现象与特殊的自然美与美学重要性,前者主要强调能够客观测量的自然现象的美学特征,后者主要侧重相对主观的审美评判,强调自然景观的视觉美。根据 IUCN(2013)统计分析,目前每年符合 vii 标准并入选的世界自然遗产地平均为 2 个,并具有持续发展的趋势。我国黄龙、九寨沟、武陵源、三清山等自然保护地都是依托美学标准进入《世界自然遗产名录》。

通过分析欧美国家景观美学评估方法与世界自然遗产关于"美学"的评定标准，可以看出国际社会对景观美学的重视，也反映出以国家公园为代表的保护地景观美学研究的意义所在。上述国家或组织关于评估方法的设计，既强调国情与区域特征，又包含了生态、伦理、经济、科技、审美、情感等因素，同时反映了不同社会历史发展阶段对于"景观美学"的认知，这对于我们构建国家公园景观美学评估框架具有重要价值。

3.3 国家公园景观美学评估框架构建

3.3.1 国家公园景观美学评估内容

目前，现有景观美学评估侧重自然景观的"视觉美"，对于与自然景观美学密切相关的听觉等其他感官因素、文化因素以及利益相关者因素还缺乏一定系统考虑。这容易导致具有重要生态价值的景观，可能由于没有在视觉层面形成较强的吸引力而不能得到应有的保护。可以说，单纯依靠视觉审美作为判定国家公园景观美学质量与价值的唯一标准，其评估结果可能会妨碍生态系统保护，加剧生态价值与美学价值间的冲突。因此，构建更为系统全面，并反映审美主客体关系、审美活动属性以及独特审美意象的国家公园景观美学评估框架，在当前国家公园体制试点关键时期十分重要且必要。

基于前文景观美学理论基础研究可知，景观美学评估主要发生在审美对象与审美主体两个层面，审美主体与对象二者之间的关系是景观美学评估的出发点和立足点。其中，审美对象主要反映的是作为客体的景观物理特征，而作为审美主体的人，既有物理感官的多维属性，又有主体认知的差异性。

因此，国家公园景观美学评估可分为物理感知评估与心理认知评估两方面内容。其中，物理感知主要指客观事物通过刺激感觉器官，在人脑中经过加工而形成的过程反映，如人类感觉器官产生的视觉、嗅觉、听觉、触觉等感知。人的各种感觉器官从外界获得的信息中，视觉占比最大，听觉其次，嗅觉、触觉、味觉等整体占比较小。心理认知主要指人在认识活动过程中，个体对感觉信息的加工处理过程，是认识客观事物的心理现象。心理认知通常受社会经济、文化背景等因素影响，即使针对同一景观，不同的群体往往也可能存在不同的认知表现。

3.3.2 国家公园景观美学评估类别

按照研究目的，本研究将国家公园景观美学评估分为景观美学质量评估与景观美学价值评估两种。

① 景观美学质量评估：侧重景观美学资源对于满足人们审美需求的物质量评估，主要包括视觉美学质量与听觉美学质量。

② 景观美学价值评估：以资源环境经济学理论为基础，将价值评估细分为价值认知评估与货币化价值评估两种。

3.3.3 国家公园景观美学评估框架

景观美学是审美主客体在特定时空关系下相互交融和渗透而产生的，具有主观与客观、物质与精神、理想与感性、形式与内容相统一的特点。纵观已有评估理论方法，主要存在两个问题：一是过于重视视觉层面的美学评估，从而忽略了其他感官对景观美学的感知影响；二是侧重某一类审美主体评估，忽略了多个审美主体的群体差异。因此，以景观美学、景感生态学与生态系统服务等相关理论为基础，吸收借鉴美国景观视觉管理（VMS）、视觉资源管理（VRM）、英国景观特征评估（LCA）、世界自然遗产美学评估标准等方法，并综合考虑国家公园景观美学资源特征与评估可操作性，本研究将影响审美的感知认知因素作为切入点，构建了"视觉感知—听觉感知—心理认知"的国家公园景观美学评估框架（图3-1）。

① 景观美学的视觉感知：主要涉及森林、水域、乡村、游憩等多个景观类型，包括视觉美学质量、视觉感知行为与感知生理变化等评估内容。

② 声景观美学的听觉感知：主要涉及鸟鸣声、虫鸣声、水声、风声等多种声景观类型，包括声景观听觉感知、听觉美学质量、感知生理变化等评估内容。

③ 景观美学的心理认知：主要涉及当地居民、管理人员、外来游客等国家公园利益主体，体现在自然美、人文美、社会美等美学维度，包括价值认知与货币化价值评估等内容。

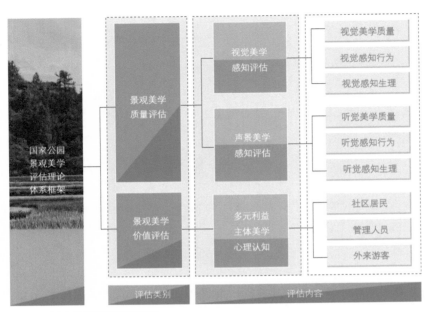

图3-1 国家公园景观美学评估框架

3.4 评估应用

景观美学评估包括了质量评估和价值评估，且评估结论涵盖评估等级与空间分布等内容。因此，景观美学评估在国家公园管理过程应用范围较广。

在管理政策制定前期，对于生态保护、基础设施建设等工程的待规划用地，通过景观美学评估，能准确地分析现有视觉景观、声景观等美学资源现状，了解景观美学价值空间分布，从而对景观规划与政策制定进行指导。

在管理政策制定过程中，通过分析社区居民、管理人员、游客等核心利益主体的景观美学认知，能对现有设计方案（如造林方案、经营方案等）进行评测与考察，以便对工程实施提供有效指导。

在政策评估阶段，通过对建设完成后的景观进行美学评估，能对已建成项目进行更加系统地评估，同时也能对未来的政策制定提供理论和数据上的支持。

4 | 国家公园景观视觉感知行为与美学质量评估

视觉是人们认识客观世界的基础，人们对外界信息的获取多数来自视觉感官系统。本章采用美景度评估、语义差异法、眼动追踪与生理反应测定实验等技术方法，对钱江源国家公园体制试点区不同景观的视觉感知与审美差异进行研究。

4.1 研究方法

4.1.1 研究材料

大量研究表明，采用照片作为美学质量评估的媒介具有灵活性，同时与现场评估相比，结果无显著差异（Schirpke et al., 2019；Gobster & Amberger, 2021）。本研究照片样本主要用于景观视觉美学质量评估、视觉感知行为分析和生理变化分析等内容。考虑到秋季森林景观特点以及疫情防控要求，照片样本采集时间在 2020 年 9—11 月，共拍摄体制试点区景观照片 369 张，有关图片的获取与选择主要考虑几点：一是通过多次探察，结合当地居民与外来游客深度访谈，选择对公众印象比较深的景观进行拍摄；二是照片拍摄时间选择晴天的上午 8—10 点，最大限度地保证日照、光线、天气等客观条件的一致性。根据实验设计从中挑选出 53 张具有代表性的照片作为实验图片，分别标记为 T1、T2、T3……T53（附录 A）。关于代表性照片的筛选过程：首先，剔除光线较暗或者模糊不清的照片；然后，采用专家咨询法，与林学、生态学、林业经济管理、风景园林等领域专家共同筛选，其中，中国林业科学研究院专家 6 名、北京林业大学专家 6 名。最终确保筛选出的照片能够全面、真实地反映钱江源国家公园体制试点区景观视觉特征。

4.1.2 测试对象

众多研究都证实大学生作为测试对象开展景观美学评估具有普适性（Herbert & Daniel，1981；Jensen，1993），能代表普通社会公众审美态度，因此本研究选取大学生作为测试对象。常规的心理学实验中，30 人以上被试称为大样本实验。本研究以"视觉正常、裸眼视力或矫正视力均在 1.0 以上"为条件，随机招募志愿者参与实验，应征选取 96 名来自中国人民大学本科生和中国林业科学研究院研究生作为被试者。剔除无效数据，本研究共收集被试者的有效数据 64 份。通过对被试者基本情况统计分析得知（表 4–1），男性被试者 25 人、女性被试者 39 人，各占 39%、61%；被试者主要以本科、硕士为主，从事艺术专业类（国画、油画、设计学等）学习的被试者 19 人、从事林学专业类（森林经理学、森林培育学、林木遗传育种、森林保护学等）学习的被试者 26 人、从事其他专业类（工商管理、金融学、汉语言文学等）学习的被试者 19 人，占比分别为 30%、40% 和 30%；来自东部地区（山东、安徽、浙江等）的被试者 29 人、中部地区（河南、湖北等）被试者 11 人、西部地区（甘肃、四川等）被试者 24 人，占比分别为 45%、17% 和 38%。

表4-1 视觉感知实验的被试者基本情况

项目	组别	被试人数（人）	百分比（%）
性别	男	25	39
	女	39	61
受教育程度	本科	26	41
	硕士	34	53
	博士	4	6
籍贯	东部地区	29	45
	中部地区	11	17
	西部地区	24	38
专业	艺术专业类	19	30
	林学专业类	26	40
	其他专业类	19	30

4.1.3 美景度评估法

4.1.3.1 评估程序

为客观评估体制试点区景观美学质量，本研究采用美景度（scenic beauty estimation，SBE）方法进行评估。SBE 评估法已普遍用于森林美学评估领域，通过为被试提供现场图片，让其依照准则对每处景观进行打分评估，不同景观会被打出相应的 SBE 分值，以此度量不同景观的视觉美学质量高低（董建文等，2009；杨翠霞等，2017）。结合本研究需要，钱江源国家公园体制试点区景观视觉美学质量评估步骤如下：① 选择具有代表性的景观；② 建立评估标准，测定被试的审美态度；③ 计算样本景观的 SBE 值；④ 对样本景观 SBE 进行插值分析，生成体制试点区景观视觉美学质量空间分布图。

假设所有被试者对样本景观的美学感知程度以及评判标准呈正态分布，那么计算各假测体制试点区样本景观的平均 Z 值前，需要先计算预先已经选择好的一组评判群体作为"基准线"体制试点区景观受测样本的平均 Z 值，用以调整 SBE 度量的起始点。而前述各个受测景观所计算的 Z 值与"基准线"的平均 Z 值相减后乘以 100，就可获得受测景观的原始 SBE 值，计算方式如下（周春玲等，2006）：

$$MZ_i = \frac{1}{m-1} \sum_{k=2}^{m} f(CP_{ik}) \qquad (4-1)$$

式中：

    MZ_i —— 样本景观 i 的平均 Z 值；

    CP_{ik} —— 被试给予样本景观 i 的平均值为 k 等级或高于 k 等级的累计次

             数比率；

    $f(CP_{ik})$ —— 累计正态函数分布频率；

    m —— 评值的总等级数；

    k —— 评值等级。

$$SBE_i = (MZ_i - BMMZ) \times 100 \qquad (4-2)$$

式中：

    SBE_i —— 样本景观 i 的原始 SBE 值；

MZ_i —— 样本景观 i 的平均 Z 值；

$BMMZ$ —— 基准线样本景观的平均 Z 值。

由于不同被试群体的原始 SBE 值可能含有不同的起始点或度量尺度，因此，将原始 SBE 值除以基准线组 Z 值的标准差，将其标准化后，可消除不同被试之间因感知不同引起的度量尺度差异，公式为：

$$SBE_i^* = {SBE_i}\big/{BSDMZ} \qquad (4-3)$$

式中：

SBE_i^* —— 为样本景观 i 的标准化 SBE 值；

$BSDMZ$ —— 基准线组 Z 值的标准差。

根据上述计算方法，计算出被试对体制试点区不同景观的 SBE 评估，经过标准化后得到钱江源国家公园体制试点区景观视觉美学质量评估值。

4.1.3.2 问卷编制

采用语义差异法（semantic differential，SD）来定义被试对样本景观 SBE 的认可度。SD 法是由 Osgood 等学者提出，通过言语尺度进行感知测定，以获取被试者的景观美学感知量化数据，是心理学研究的常用方法（Osgood，2010）。根据 SD 方法原则，本研究将左侧形容词设定为"丑陋"、右侧形容词设定为"美丽"。采用李克特 Likert 5 级（-2，-1，0，1，2）量表，每项得分数表示被试者感知倾向，得分 2 分代表被试者更倾向于右侧形容词，反之亦然（表 4-2）。本研究要求被试者以 8~10s 的速度进行单个样本评判，同时将评估结果填入问卷。

表4-2　基于SD方法的美景度评估

评估指标	分数和形容词			描述
美景度	-2　　-1　　0　　1　　2 ←————————————→ 丑陋　　　　　　　　　美丽			这个景观，看起来丑陋还是美丽

4.1.4 眼动追踪技术

4.1.4.1 **实验过程**

本研究主要采用眼动追踪技术进行视觉感知行为分析。眼动追踪实验法是通过记录和分析被试者的眼球运动数据来推断被试者感知过程的方法。眼动追踪技术研究始于 19 世纪末，这一技术早期主要应用在视觉传达、工业产品设计等领域。近年来，开始逐渐运用到街道景观、标志建筑、基础设施等城市建成环境。本研究使用 Tobii 眼动仪来捕捉和记录被试者观看样本景观时的眼球追踪数据，并进行眼动分析，阐明被试者的视觉感知行为。

本研究利用 Tobii Pro X3-120 屏幕式眼动仪（采样率为 120Hz）、ThinkPad X1 笔记本电脑 2 台（液晶显示屏分辨率为 1920dpi×1080dpi）进行视觉追踪测试。主要实验程序：① 被试者坐在眼动仪屏幕前约 60cm 处，两眼正对显示器中心位置，主试者向被试者解释整个实验目的、过程和要求；② 正式测试前进行眼动校准，调整好被试者坐姿并使其保持相对稳定；③ 在被试者不知情的状态下播放 3 张预热图片，随后随机播放 53 张正式的实验图片，同时 Tobii 眼动仪开始追踪被试者眼动数据，直到样本照片播放完毕（图 4-1）。综合考虑

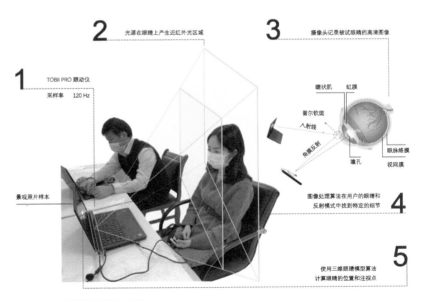

图4-1 眼动追踪实验过程示意图

实验特点、样本内容及其前人研究（Yiping et al., 2019；Meo et al., 2020），本研究将单张照片的播放时间定为 8s，确保被试者既能有充分时间观看样本照片内容，又不会由于时间过长而产生垃圾注视时间与眼跳时间。

4.1.4.2 眼动指标选取

根据心理行为学研究基础，注视、眼跳和追随是体现眼动行为的 3 种主要形式。由于本实验要求被试者保持静止状态观察样本照片，因此，眼动行为主要是注视行为与眼跳行为。参考董卫华关于眼动指标的分类（Dong et al., 2019）及其已有研究成果（Wu et al., 2019），结合体制试点区景观特征，最终选取 6 项指标作为眼动实验指标（表 4-3），即平均注视时间（FDA）、首次注视时间（FFD）、平均眼跳速度（SVA）、平均眼跳幅度（SAA）、注视频率（FF）和眼跳频率（SF）。

实验结束后，采用 Tobii 自带分析软件提取眼动数据，并应用 Excel 2016 和 IBM SPSS Statistics 21 对数据进行统计分析。眼动仪生成的热力图与路径图导入 Adobe Photoshop CS 6、Illustrator CS 5 进行图像处理。其中，眼动热力图主要用来展现不同景观对于被试者的视觉吸引力和关注度；眼动注视轨迹图则用来揭示被试对于不同景观的观察位置、观察顺序及观察点的注视时间。

表4-3 眼动指标说明

眼动指标	缩写	指标含义及其表达基本意义
平均注视时间（ms）	FDA（ms）	注视时间除以注视点个数得到该指标值，该指标表征被试者对于样本景观每次注视的时间长短
首次注视时间（ms）	FFD（ms）	主要指落在兴趣区的第一个注视点的持续时间。该指标表征被试者对于样本景观首次注视的快慢
平均眼跳速度（°/s）	SVA（°/s）	在眼跳过程中，每一跳的峰值的平均值。该指标表征被试者对样本景观信息获取范围的大小，同时反映了样本景观特征的鲜明程度
平均眼跳幅度（°）	SAA（°）	该指标反映了被试者获取样本景观信息的范围，该指标越大，表示被试者注视点越容易到达目标区
注视频率（次/s）	FF/s	主要指注视次数与注视时间之比，是反映注视区域感兴趣受重视程度的指标
眼跳频率（次/s）	SF/s	主要指单位时间内的眼跳次数，该指标表征被试者对于样本景观的视觉搜索行为

4.1.5 生理反应测定实验

4.1.5.1 **生理指标选择**

生理指标主要选取心率（heart rate）、呼吸频率（respiratory rate）和皮肤电导率（skin conductance level）这三项指标，指标测量选用 BIOPAC MP150 生理多导仪。心率是每分钟脉搏跳动的次数，心率变化反映了交感神经系统和副交感神经系统的活动水平，当个体处于休息或放松状态时，其副交感神经系统功能增强，心率变慢；当个体处于兴奋或应激反应状态时，其交感神经系统兴奋度提高，副交感神经系统兴奋度降低，心率加快。在自然环境中，被试心率的增加在一定程度上更倾向于兴奋、愉悦的状态（朱玉洁等，2021；郝泽周等，2019）。呼吸频率是每分钟呼吸的次数。相关实验证明，该指标受人体所处环境的影响，在人体处于愉快与不愉快的心理状态时呼吸频率具有显著差异（Li & Kang，2019；翁羽西等，2021）。皮肤电导率活动是随皮肤汗腺机能变化而出现的一种电现象，可反映交感神经活动性，是情感和认知负荷的指标（Li & Kang，2019），汗腺分泌增加，引起导电性增加，皮肤电导水平升高；反之，精神放松，皮肤电导水平下降（郝泽周等，2019）。

4.1.5.2 **实验过程**

本研究实验在中国林业科学研究院实验室进行。实验室内只有 1 名工作人员和 1 名被试者。实验时间是 2020 年 12 月至 2021 年 1 月，上午 8：00—10：00、下午 15：00—17：00，选择晴朗天气开展实验，避免下雨、打雷等极端天气。

实验过程包括 3 个阶段：第一阶段是准备和介绍阶段。被试在实验正式开始前需要登记个人姓名、性别、年龄、院校、专业、籍贯等基本资料，工作人员询问被试者近期的身体状况，并且进行记录，包括视觉和听力是否正常、是否服用精神药物等。工作人员向被试者简单介绍本实验内容和步骤，降低被试者的抵触和紧张情绪。第二阶段是预调查阶段。工作人员为被试者佩戴生理传感器，粘贴一次性电极片前，工作人员用酒精和生理盐水为被试者擦拭皮肤。第三阶段是实验数据采集阶段。数据采集期间要求被试者沉默，保持放松，并尽量保持静止不动。每个样本之间有一个空白样本，目的是让被试者平复情绪（图 4-2）。

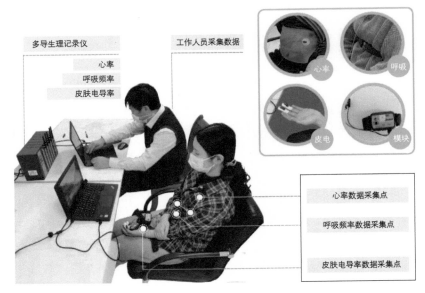

图4-2　生理反应测定实验示意图

4.1.5.3 **数据处理与分析**

生理指标数据借助 BIOPAC MP150 数据平台导出并进行初步分析；利用 Excel 2016 进行数据统计和图表绘制；采用 IBM SPSS Statistics 21 进行数据分析处理工作；采用 Adobe Photoshop CS 6 和 Illustrator CS 5 进行相关图表的绘制。

4.2　研究结果

4.2.1　景观视觉美学质量

4.2.1.1　**视觉美学质量整体评估**

根据 SBE 评测结果（图 4-3），采用 K-均值聚类法，将 53 个景观样本 SBE 值划分成美学质量高等组、美学质量中等组、美学质量低等组三类，样本数量分别为 23 个、19 个和 11 个，各占总样本数量的 43.40％、35.85％和 20.75％，美学质量高等组、美学质量中等组的样本数量累计达到 79.25％，说明钱江源国家公园体制试点区景观视觉美学质量处于中高水平。

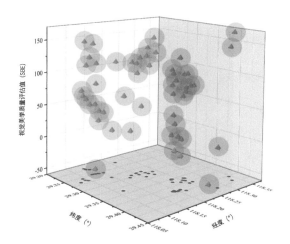

图4-3 样本景观的美景度（SBE）评估值

根据上述样本景观 SBE 计算，结合样本地理坐标，运用 ArcGIS 软件，通过克里金插值方法得到钱江源国家公园体制试点区景观视觉美学质量空间分布图（图 4-4）。综合来看，体制试点区中部地区是景观视觉美学质量整体较高的区域，其次是体制试点区东北部齐溪水库区域，而体制试点区西北部与南部地

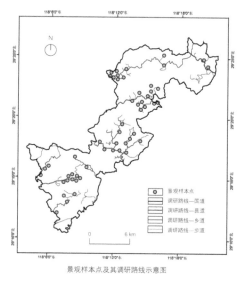

景观样本点及其调研路线示意图

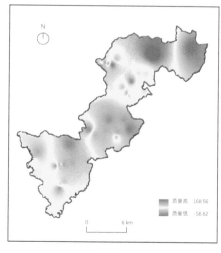

视觉美学质量空间分布图

图4-4 体制试点区景观视觉美学质量空间分布

区视觉美学质量相对较低。由于景观视觉美学评估受到众多主客观因素的影响，因此，需要结合具体生态资源空间分布与人为管理活动等因素进行详细分析。

4.2.1.2 不同类型景观的视觉美学质量差异

目前，学术界对于景观类型的划分主要围绕自然景观与人文景观展开。本研究区域是以森林生态系统为主的自然保护地，同时又是钱塘江的源头区域，拥有丰富的源头文化、水文化以及聚居文化。因此，本研究基于体制试点区生态系统特征与景观美学文化特色，通过专家咨询等方法，将53张照片划分为森林景观、水域景观、乡村景观和文化景观，样本数量分别为16张、14张、14张和9张。其中，森林景观和水域景观属于典型自然景观，而乡村景观和文化景观则代表人文景观。

整体而言，文化景观（SBE=76.33）与水域景观（SBE=76.15）视觉美学质量最高，其次是森林景观（SBE=74.57），乡村景观视觉美学质量最低（SBE=72.29）。从景观的典型性与代表性视角来看，得分前五位的样本景观编号分别是T5、T7、T38、T4、T36，其中，有4张样本反映的是水域景观、1张样本反映的是乡村景观，T5是位于齐溪水库的水域景观，这说明水域景观不但整体视觉美学质量偏高，且还具有很强的景观美学代表性和典型性。此外，参照体制试点区重要的文化景观资源分布可知，涵盖水体、人文等元素的文化景观是公众认为美学质量最高的景观类型。

4.2.1.3 不同功能分区的视觉美学质量差异

参考样本照片地理坐标与国家公园功能分区，本研究将样本按照功能分区进行分类。其中，核心保护区涉及11张样本照片，生态保育区涉及18张样本照片，游憩展示区涉及13张样本照片，传统利用区涉及11张样本照片。

根据SBE评估结果可知，钱江源国家公园体制试点区不同功能分区的视觉美学质量存在差异。整体而言，游憩展示区的景观视觉美学质量最高（SBE=76.84），传统利用区（SBE=75.63）与生态保育区（SBE=74.57）其次，核心保护区景观的视觉美学质量最低（SBE=69.16）。核心保护区与生态保育区保护等级高，以大面积生态景观为主，游憩展示区与传统利用区则属于生态保护等级较低的区域，允许一定的休闲游憩与人为生产活动，这两个功能区的景观元素具有地域文化特色，这也从侧面反映了公众更喜欢带有人文地域元素的视觉景观。从体制试点区景观的典型性视角来看，得分前五位的样本景观照片中有 4 张位于生态保育区、1 张位于传统利用区，这说明虽然游憩展示区的景观视觉美学质量整体较高，但是景观美学代表性特征相比生态保育区并不突出。

4.2.1.4 不同行政管理区的视觉美学质量差异

实地调查发现，钱江源国家公园管理局对于国家公园的管理更多是按照行政片区进行管理。目前，钱江源国家公园管理局已成立了综合行政执法队，并下设 4 个行政执法所，分别是齐溪执法所、何田执法所、长虹执法所和苏庄执法所。这四个执法所管理区域实际依托于体制试点区范围内的 4 个乡镇地理空间。因此，十分有必要根据人为行政管理区域的不同，开展视觉美学质量的对比分析。参考样本照片地理坐标与行政执法队管理区域，本研究对样本景观进行重新分类。其中，苏庄行政管理区涉及 16 张样本照片，长虹行政管理区共涉及 11 张样本照片，何田行政管理区共涉及 10 张样本照片，齐溪行政管理区共涉及 16 张样本照片。

根据 SBE 评估结果可知，钱江源国家公园体制试点区不同行政管理区景观的视觉美学质量存在差异，并主要体现在长虹管理区。其中，何田管理区与齐溪管理区景观视觉美学质量最高，SBE 值分别为 75.78 和 75.76，二者都位于体制试点区的北部；苏庄管理区的景观视觉美学质量略低，SBE 值为 75.56；长虹管理区景观视觉美学质量最低，SBE 值为 72.29，且与其他三个管理区存在明显差距。整体而言，何田、齐溪与苏庄行政管理区美学质量类似。从体制试点区景观的典型性视角来看，SBE 评分最高的 5 个样本景观中，2 个在齐溪管理区、2 个在苏庄管理区、1 个在长虹管理区；评分靠后的 5 个景观，均在齐溪管理区，这从侧面说明齐溪管理区景观的视觉美学质量高低并存，内部差异性较大。

4.2.2 景观视觉感知行为

4.2.2.1 体制试点区不同景观类型的眼动特征

为有效分析体制试点区不同类型景观的眼动行为，本研究对眼动数据进行了方差齐次性检验（F-test），方差齐次性检验结果显示各组的方差在 $a=0.05$ 水平上没有显著性差异，即方差具有齐次性，满足进一步进行多重比较的条件。本研究应用最小显著性差异法（least significant difference，LSD）进一步做了多重比较分析，将森林、水域、乡村与文化等四类景观的眼动追踪数据进行单因素方差分析，得到表4-4。

结果显示，四类景观的平均注视时间、平均眼跳速度、平均眼跳幅度、眼跳频率等眼动指标存在显著差异（$p<0.05$），森林景观的平均注视时间与其他3组景观均差异显著，森林景观与文化景观相比其他两类景观的眼动特征差异更大。其中，森林景观的平均注视时间（231.30ms）最长、平均眼跳速度（104.84°/s）最快、平均眼跳幅度（2.47°）最大。文化景观的首次注视时间（203.26ms）最长、注视频率（1.49次/s）最大、眼跳频率（0.77次/s）最大。

表4-4 不同类型景观对眼动指标的影响

眼动指标	森林景观	水域景观	乡村景观	文化景观
平均注视时间（ms）	231.30±18.22a	207.02±18.79b	212.45±26.04b	213.06±20.10b
首次注视时间（ms）	202.67±22.30a	195.08±19.51a	196.56±33.74a	203.26±35.32a
平均眼跳速度（°/s）	104.84±8.26a	104.61±8.15a	102.45±12.26ab	94.30±14.78b
平均眼跳幅度（°）	2.47±0.21a	2.46±0.27a	2.42±0.35ab	2.19±0.46b
注视频率（次/s）	1.40±0.12a	1.43±0.15a	1.38±0.16a	1.49±0.13a
眼跳频率（次/s）	0.63±0.11b	0.71±0.09ab	0.69±0.11ab	0.77±0.17a

注：同一行不同字母的数字有显著差异。

4.2.2.2 不同景观的眼动热力分布与路径轨迹

为深入探究视觉感知行为规律，本研究对53张样本照片同时进行了眼动热力分布（附录B）与路径轨迹（附录C）分析。从四类景观中各选取一个样本作为案例，进行视觉行为可视化（图4-5）分析可知，在眼动热力分布方面，森林景观注视范围较大，视觉兴奋区分布靠近图片中心，且围绕视觉中心向四周发散；水域景观的视觉注视范围相对聚集，集中于水体、水岸等周围；乡村景观一般拥有多个视觉兴奋区，农田、茶园等农业元素注视点数量多，且相对密集；文化景观注视范围最为集中，视觉兴奋区相对分散，主要集中在石碑、

图4-5 不同景观类型的眼动数据可视化示意图

雕塑、标识等人工景观区域,尤其是带有文字的人工元素。在眼动路径轨迹方面,森林景观首个注视点一般位于不同植物群落的交接处,再上下、左右来回移动;水域景观的注视路径随着水系流向循环运动;乡村景观的注视路径主要遵循"森林元素—农田元素—森林元素"的轨迹运动,碑铭石刻等景观构筑物在文化景观的路径轨迹中充当着重要指引作用。

4.2.2.3 不同人口特征的视觉眼动行为

根据以往研究经验,本研究最初共提取了6个眼动指标,但是从结果来看,有些指标的变化趋势非常相似。因此,在做进一步分析之前,本研究先对6个指标进行了相关性分析,结果如表4-5所示,平均注视时间与首次注视时间、平均眼跳速度与平均眼跳幅度、眼跳频率与注视频率呈极显著相关,表明这3组指标两两之间的结果具有极显著的一致性,因此,在后续分析中剔除了首次注视时间、平均眼跳幅度和注视频率这3个指标。

表4-5　眼动指标之间的相关分析

指标	首次注视时间	平均眼跳速度	平均眼跳幅度	注视频率	眼跳频率
平均注视时间	0.640**	0.240	0.269	0.202	0.110
首次注视时间		0.217	0.254	0.275*	0.215
平均眼跳速度			0.959**	0.205	0.170
平均眼跳幅度				0.247	0.218
注视频率					0.802**

注：* 表示在 0.05 水平上显著相关；** 表示在 0.01 水平上显著相关。

　　基于不同人口特征可能存在不同的视觉行为这一研究假设，本研究将被试者按照性别、籍贯、专业领域等条件进行划分，运用独立样本 T 检验方法和单因素方程分析（one-way aNOVA）中的 LSD 方法，对平均注视时间、平均眼跳速度、眼跳频率等 3 个眼动指标进行均值检验，以期进一步揭示被试者对钱江源国家公园体制试点区景观的视觉感知行为机制。

　　结果如图 4-6 所示：① 以性别作为分组依据，森林景观、水域景观和乡村景观的平均眼跳速度在不同性别之间存在显著差异，p 值分别为 0.000、0.000 和 0.043。相比男性，女性平均注视时间更长、平均眼跳速度更快、眼跳频率更大。② 以籍贯作为分组依据，森林景观中不同籍贯被试者的眼跳速度、眼跳频率存在显著差异，p 值分别为 0.003 和 0.020；水域景观的平均注视时间、平均眼

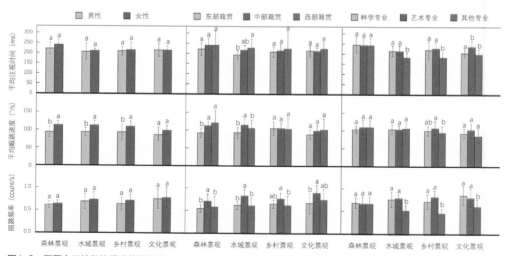

图4-6　不同人口特征的眼动数据比较

跳速度、眼跳频率存在显著差异，p 值分别为 0.026、0.005 和 0.000；乡村景观的眼跳频率存在显著差异，p 值为 0.033；③ 以专业作为分组依据，水域景观、乡村景观和文化景观的平均注视时间存在显著差异，p 值分别为 0.001、0.002 和 0.011；水域景观、乡村景观和文化景观的眼跳频率存在显著差异，p 值分别为 0.000、0.000 和 0.015。

4.2.3 视觉感知生理反应

本研究对森林、水域、乡村和文化等四种景观的生理数据进行单因素方差分析，由表 4-6 可知，体制试点区不同类型景观的呼吸频率生理指标存在差异性（$p=0.084$，<0.1）。与平静状态（空白样本）相比，被试观看体制试点区景观时会出现皮肤电导水平下降、呼吸频率增加的生理反应变化。在心率指标方面，被试观察水域景观和森林景观时的心率变化大于乡村和文化等人文景观，其中，水域景观的平均心率指标反应最大，变化值为 0.443 次 /min；乡村景观反应最小，变化值为 −0.052 次 /min。在皮肤电导率生理指标方面，被试观看森林、水域等自然景观时的皮肤电导率变化大于乡村与文化等人文景观，其中，观看水域景观时皮肤电导率反应最大，变化值为 −2.936μs；文化景观反应最小，变化值为 −2.451μs。在呼吸频率生理指标方面，被试观看文化景观时呼吸频率反应最大，变化值为 0.907 次 /min；乡村景观反应最小，变化值为 0.528 次 /min；森林景观与水域景观引起的呼吸频率变化比较趋同，分别为 0.63 次 /min 和 0.61 次 /min。

表4-6　不同类型景观的生理指标变化

景观类型	心率变化（次/min）	皮肤电导率变化（μs）	呼吸频率变化（次/min）
显著性	0.300	0.514	0.084
森林景观	0.425±0.784	−2.849±0.765	0.629±0.340
水域景观	0.443±0.607	−2.936±0.672	0.609±0.288
乡村景观	−0.052±0.860	−2.749±0.529	0.528±0.276
文化景观	0.236±0.855	−2.451±1.193	0.907±0.496

4.3 讨论与分析

4.3.1 不同景观的视觉美学质量差异

　　根据美景度（SBE）评估结果，钱江源国家公园体制试点区景观视觉美学质量处于中高水平，并在空间层面呈现出中部高、南北低的分布特征。中部地区是体制试点区范围内社会经济发展比较活跃的区域，同时也是主要的游憩展示功能所在区域，休闲游憩资源较为丰富，保留着很多传统民俗文化活动，人文景观众多。而南部与北部区域则是古田山国家级自然保护区与钱江源国家级森林公园所在区域，经过多年的自然保护地生态建设，山高林密，生物多样性丰富，形成了以自然生态为主的景观特征，中低海拔以自然或半自然的马尾松阔叶混交林、马尾松林和人工杉木林居多。考虑到国家公园相比传统保护区生态系统的完整性，本研究对于样本照片的拍摄未局限于以往美学评估常采用的"林内""林外"等传统视角。本研究与肖练练（2018）对钱江源国家公园体制试点区开展的 SBE 评估结果相一致，并认为体制试点区中部地区美景度高主要是因为该区域古村落、水体等景观元素较多。周春玲等（2006）以往研究也发现，SBE 与森林树种组成不具有显著相关关系，这很大程度上是因为 SBE 评测样本不能生动地展示森林植被的多样性，同时也许与受测对象专业知识储备有关。为了证明这一观点，本研究分析了不同景观类型、不同功能区的视觉美学质量差异，结果显示，文化景观与水域景观在 4 类景观中视觉美学质量最高，*SBE* 值分别为 76.33 和 76.15；游憩展示区在四类功能区中美学质量最高，*SBE* 值为 76.84。整体来看，公众更喜欢体制试点区文化元素、水元素以及休闲元素多的视觉景观。因此，本研究认为，公众对于景观视觉美学的感知并不取决于元素的空间面积占比，而是主要取决于景观元素的品质、内涵、质感及元素间的协调程度。

4.3.2 不同景观的视觉感知行为特征

　　已有研究表明（董建文等，2009；杨翠霞等，2017），对于既能满足公众审美需求，又能促使其产生愉悦体验的景观，公众都会对其产生视觉兴趣，并在视觉感知行为方面表现出一定规律。过往研究主要通过主观问卷结合访谈的方式完成，无法对公众感知行为变化进行有效的客观评估，更不能很好地解释从具象物体到抽象意识这一过程中的行为机制。本研究采用眼动追踪技术发现，公众对于体制试点区景观的视觉感知行为，与景观的构成元素特征密切相关。体制试点区森林景观特征十分鲜明，大尺度低海拔中亚热带常绿阔叶林林相优美，并通过多年来森林旅游产业发展，建设了一定数量的休闲游憩设施，因此，森林景观与文化景观的注视时间长、瞬间吸引力强。此外，人工类景观普遍比自然类景观视觉焦点更突出，首次注视时间一般更久，尤其是带有文字的人工景观（如石碑、大门等）（Li et al., 2016）。郭素玲（2018）对本研究所在区域的中国东部地区山岳旅游景观进行了视觉眼动行为分析，结果显示，人们对寺庙、道观和酒店这些建筑的景观瞬间吸引力较高，她的结论与本研究结论也具有一致性。在影响机制上，生态、游憩和休闲等要素蕴含较多的景观，更容易引起公众的视觉行为变化，而公众对乡土元素的解译，由于需要一定的前置信息作为支撑，在有限的实验时间内，乡村景观比较难以引起公众的视觉兴趣和较多注意。这与 Dupont 等（2015）研究结论相吻合，Dupont 等认为公众由于缺乏对地域乡土元素的认识，使得他们观察地域乡土景观时更容易花费时间注意某些人工元素，缺乏对于景观的整体性考虑，这也是本研究中，以休闲元素为特色的文化景观通常比乡村景观关注程度高的一个重要原因。

4.3.3 人口特征对视觉感知行为的影响

本研究发现，相比男性，女性平均注视时间更长、平均眼跳速度更快、眼跳频率更大，但是对于个别眼动指标，男性也表现出一定差异性，例如，男性对文化景观的平均注视时间比女性更久。李学芹等（2011）对校园景观进行视觉感知行为分析发现，女性在获取景观信息时倾向于自然风景，而男性则更倾向于人文建筑景观，这一结论与本研究结果相一致。体制试点区景观是以森林生态系统为主的自然景观，整体上女性对体制试点区景观更感兴趣，这与女性更喜欢亲近自然有关。本研究分析了籍贯对视觉感知行为的影响发现，相比东部地区被试者，中部与西部地区被试者的平均注视时间更长、平均眼跳速度更快、眼跳频率更大，这说明中部与西部地区被试者对体制试点区景观关注程度更高、视觉感知行为偏好更明显。本研究分析了专业知识背景对视觉感知行为的影响发现，艺术专业学生更喜欢乡村景观和文化景观，这两种景观人文属性较强、景观元素更加多样；而林学专业学生则更喜欢森林和水域等自然属性强的景观。此外，艺术专业学生眼跳频率相比其他两组专业学生整体更大，这说明艺术专业学生对于体制试点区景观元素信息的搜索量大，这与艺术专业学生掌握林学和生态学知识较少等原因有关。

4.3.4 景观视觉感知对生理反应变化的影响

本研究发现，体制试点区景观类型的不同会对被试者生理指标变化产生不同影响，并出现皮肤电导水平下降、呼吸频率增加的生理变化，景观视觉感知所引起的生理影响主要表现在呼吸频率变化指标层面（$p=0.084$，<0.1）。被试者观看文化景观时所引起的呼吸频率变化最大（0.91 次/min），远大于森林景观（0.63 次/min）、水域景观（0.61 次/min）与乡村景观（0.53 次/min）。翁羽西等（2021）认为在人体处于愉快与不愉快的心理状态时呼吸频率都会产生显著变化，本研究推断，文化景观作为视觉美学质量最高的景观类型，更能促使被试者感到兴奋感与刺激感。而乡村景观作为视觉美学质量最低的景观类型，则不易引起被试者的生理反应。这也从侧面推断出，即使都是人文属性强的景观（文化景观和乡村景观），但由于景观元素的不同，对被试者的生理影响也会存在较大差异。这也佐证了前文关于不同景观视觉美学质量的差异性。Li 等（2016）的研究表明，不同景观对被试者的生理恢复作用与景观元素特征有关，这与本研究观点相一致。

4.4 小　结

本研究在对景观类型进行分类基础上，采用美景度（SBE）方法对景观视觉美学质量进行评估，分析不同类型景观视觉美学质量差异。采用眼动追踪技术分析了体制试点区不同景观的视觉感知行为规律，并探究不同人口特征对视觉感知行为偏好的影响。最后，通过生理反应测定实验探究视觉感知行为的生理影响。得到的主要结论为以下几点。

① 钱江源国家公园体制试点区景观视觉美学质量处于中高水平，整体空间分布呈现中部美学质量较高、南北较低的特征。按照景观类型划分，视觉美学质量高低排序：文化景观＞水域景观＞森林景观＞乡村景观，包含水体元素和休闲元素的文化景观是公众最为喜欢的类型。相比体制试点区景观的面积规模，景观元素的品质内涵、质感以及元素间的协调性更能影响景观视觉美学质量评估。按照功能区作为划分标准，视觉美学质量高低排序：游憩展示区＞传统利用区＞生态保育区＞核心保护区。按照行政管理区作为划分标准，视觉美学质量高低排序：何田管理区＞齐溪管理区＞苏庄管理区＞长虹管理区，长虹管理区视觉美学质量与其他三个管理区存在明显差距。

② 本研究采用眼动追踪技术，以不同类型景观样本作为视觉刺激因素，探究了景观类型差异对视觉感知行为的影响。整体而言，森林景观平均注视时间最长、平均眼跳速度最快、平均眼跳幅度最大，文化景观首次注视时间最长、注视频率最大、眼跳频率最大。公众对生态资源禀赋好的森林景观与观赏性强的文化景观更容易形成视觉行为偏好。乡村景观虽然地域乡土内涵比较丰富，但由于需要一定前置信息才能实现景观解译，因此，在较短时间的实验中容易被忽略，这也会影响人们对乡村景观的美学感知。

③ 本研究发现，不同人口特征会对体制试点区景观视觉感知行为产生显著影响。相比男性，女性平均注视时间更长、平均眼跳速度更快、眼跳频率更大，但男性对建筑等人工元素多的景观感知偏好更明显。艺术专业背景的被试者更喜欢人文属性强的乡村景观与文化景观，而林学专业背景的被试者则对森林、水域等自然属性强的景观表现出更为明显的感知行为偏好。

④ 本研究借助 BIOPAC MP150 生理多导仪，研究了景观视觉感知对被试者生理反应变化的影响。研究发现，与平静状态相比，被试者观看体制试点区景观时会出现皮肤电导水平下降、呼吸频率增加的生理反应变化，并主要体现在呼吸频率这一生理指标层面，视觉美学质量最高的文化景观，能引起被试者更大的呼吸频率变化；而视觉美学质量最低的乡村景观，呼吸频率反应变化最小。

5 | 国家公园声景观听觉感知行为与美学质量评估

长期以来，景观美学研究侧重单一视觉感官，忽略了听觉、嗅觉等感官对景观感知的影响。本章采用问卷调查法对体制试点区声景观感知行为进行系统调查，并运用结构方程模型开展感知行为影响效应研究。在此基础上通过引入客观声学参数，构建了主客观结合的声景观听觉美学质量评估模型，进行听觉美学质量评估及其感知生理反应研究。

5.1 研究方法

5.1.1 研究材料

考虑到声景观听觉感知对体制试点区美学评估的影响以及视听感知的交互属性，本章的声音样本采集与第 4 章样本采集过程同步。声音样本主要用于声景观听觉美学质量评估和生理反应等相关研究分析。

为保证声音样本质量，本研究在 53 个样地重复进行 3 次声音采集，时长为 20~30 s。通过专家咨询法筛选出代表性声音材料，考虑样地特征以及其他声音的干扰因素，将筛选后的声音材料运用 Adobe Audition 进行裁剪，时长设置为 10 s 左右。在声音采集方面，遵循的具体原则：① 在重要区域避开偶然事件产生的噪音（例如，偶然路过的大型机动车辆、行人路过的喧哗声等）；② 对于河流、瀑布等水声材料的采集，一般设置监测距离是 1.5~3m，避免声音过大影响被试的客观评估；③ 定点采集一定比例的人为活动声，如在居民聚集区采集一些交谈声和机动车辆声等，以期更加全面反映作为东部人口稠密区的国家公园声景观特征。

5.1.2 问卷调查法

（1）调查对象选择

本章的重点研究内容之一为钱江源国家公园体制试点区声景观听觉感知，这要求调查对象对体制试点区声景观熟悉程度高，并对整体特征有一定了解，在当地居住多年的社区居民是最佳调查对象。本研究采取问卷调查方法进行听觉感知调查，采用李克特 Likert 5 级量表进行打分（1~5 分）。调查共发放问卷 416 份，有效问卷数量 394 份，问卷有效率为 94.71%。

（2）调查问卷设计

本研究按照 3 个步骤进行设计：一是确定问卷框架，通过多次现场调研与深度访谈，确定体制试点区的主要声源；二是开展预调研，通过预调研过程中发现的问题，对问卷问题设置进行优化完善，加强问卷量表的信度、效度以及整体质量；三是通过专家咨询等方式对修改后的问卷进行论证，并最终定稿。

（3）调查问卷内容

问卷主要包括 3 部分：一是被调查者的基本信息，包括性别、年龄、居住地等；二是典型单声源景观调查，经过前期预调查与深度访谈，将单个声景观分为鸟鸣声、虫鸣声、风声、水（流水）声、瀑布声、家禽声、交谈声、嬉闹声、小贩叫卖声、脚步声、宗教声、广播声、汽车声、摩托声、鸣笛声、施工声，调查内容包括响度、感知频率与喜好度；三是整体声景观评估，调查内容包括整体响度、整体协调度、整体舒适度、整体满意度等；四是声景观影响评估（附录 D）。

（4）信度与效度分析

为保证体制试点区声景观感知调查问卷质量，本研究对 Likert 量表进行了信度与效度分析。通过问卷数据分析得知，Cronbach's Alpha 为 0.918，KMO 为 0.824，Bartlett 球形检验卡方值为 10596.629，自由度为 1326，在 95% 甚至 99% 置信水平显著。通常，数据信度与效度标准如下：Cronbach's Alpha 大于 0.8，表示数据内部一致性很好；KMO 越大越适合做因子分析，在 0.8~0.9 表示比较适合做因子分析。这说明本研究所获取的声景观感知数据信度和结构效度均较好。

5.1.3 结构方程模型

结构方程模型（structural equation modeling，SEM）是一种应用线性方程表示观察变量与潜变量之间、潜变量与潜变量之间关系的多元统计方法，具有能有效排除误差干扰、同时实现因子分析与路径分析等显著优点，在研究与人感知因素相关的内容方面具有突出优势。本章研究内容涉及响度、频率、喜好度和满意度感知等难以准确直接测量的变量，SEM 能弥补传统统计方法需要通过可测变量进行间接分析的不足，因此，本研究选用 PLS 结构方程模型探究体制试点区声景观感知行为的影响作用。

本研究把声景观响度、声景观频率、声景观喜好度、声景观满意度和视觉满意度作为潜变量，基于现有研究成果和数据可得性构建指标（表 5-1）。本研

表5-1　声景观听觉感知影响模型指标

潜变量	观察变量	说明
声景观响度	风声响度	感知风声的响度大小
	水声响度	感知水声的响度大小
	鸟鸣声响度	感知鸟鸣声的响度大小
	虫鸣声响度	感知虫鸣声的响度大小
声景观频率	风声频率	感知到风声的次数
	水声频率	感知到水声的次数
	鸟鸣声频率	感知到鸟鸣声的次数
	虫鸣声频率	感知到虫鸣声的次数
声景观喜好度	风声喜好度	对风声的喜欢程度
	水声喜好度	对水声的喜欢程度
	鸟鸣声喜好度	对鸟鸣声的喜欢程度
	虫鸣声喜好度	对虫鸣声的喜欢程度
声景观满意度	声景观整体协调度	声景观的协调程度高低
	声景观整体舒适度	声景观的舒适程度高低
	声景观整体满意度	声景观的满意程度高低
视觉满意度	视觉的自然美感	森林、水域等自然景观的视觉美感
	视觉的人文美感	乡村、文化等人文景观的视觉美感
	视觉的社会美感	视觉景观与人之间关系的亲密程度
	视觉的艺术美感	视觉景观的艺术美感

究根据前文所述，选取听觉感知频率最高的 4 种自然声景观，从响度、频率、喜好度等方面对视听感官整体感知进行深入分析。本研究共 5 个潜变量 19 个观察变量指标。数据来源于声景观感知调查问卷。

5.1.4 客观声学参数测量

近年来，国内外研究学者围绕声景观的客观声学参数开展了大量研究，提出了多种用于描述声音感知的客观参数，但大多都还处于探索阶段。本研究详细研究了各种声学参数的概念、特征及其使用条件，参考相关文献的研究成果（Lee，2008；Shin et al.，2009；石岩等，2011；胡佩佩等，2016），最终决定使用响度（loudness）、尖锐度（sharpness）、粗糙度（roughness）、波动度（fluctuation strength）作为描述声景观的客观声学参数（表5-2）。本研究对客观声学参数的测定在 ArtemiS SUITE 软件上计算完成。

表5-2　客观声学参数的描述

客观声学参数	定义	描述
响度（sone）	40 dB、1 kHz纯音对应的响度定位为1 sone	描述声音听起来的响亮程度
尖锐度（acum）	60 dB、中心频率为1 kHz的窄带噪声的尖锐度定义为1 acum	描述高频成分在声音频谱中所占比例的参数
波动度（vacil）	60 dB、1 kHz的纯音在调制频率为4 Hz的100%幅值调制下的波动度为1 vacil	人耳对调制频率在20 Hz以下的声音感知程度
粗糙度（asper）	60 dB、1 kHz纯音在调制频率为70 Hz的100%幅值调制下的粗糙度为1 asper	人耳对调制频率在20~200 Hz以下的声音感知程度

本研究在客观声学参数分析基础上，同时开展声景观听觉审美的主观评估，通过参考陈克安和闫靓（2006）研究成果，选用愉悦度作为声景观听觉美学主观评估指标，评估使用李克特 5 级量表进行打分（1~5 分），其中，5 分表示声音感知愉悦程度最高，1 分表示声音感知愉悦程度最低。为排除外界因素干扰，本研究主观评估测试在中国林业科学研究院实验室进行。

5.1.5 生理反应测定实验

本章选用的生理指标同第 4 章生理指标相同，即心率、呼吸频率和皮肤电导率，实验地点、实验时间、实验步骤等与视觉感知生理反应测定实验相同。生理指标数据同样借助 BIOPAC MP150 数据平台导出并进行相关分析。

5.2 研究结果

5.2.1 声景观听觉感知行为

5.2.1.1 单声源声景观听觉感知

通过多次调研走访研究区域，参考已有相关文献（翁羽西等，2021），同时采用专家咨询法，本研究共识别出鸟鸣声、虫鸣声、风声、水（流水）声、瀑布声、家禽声、交谈声、嬉闹声、小贩叫卖声、脚步声、宗教声、广播声、汽车声、摩托声、鸣笛声、施工声 16 种典型声景观。其中，前 6 种归类为自然声，后 5 种归类为机械声，中间 5 种归类为人为活动声。本研究对于单声源声景观的感知分析，主要从声景观响度感知、感知频率与喜好度 3 个方面进行调查，结果如图 5-1 所示。

声景观响度感知是指人耳感受到的声音强弱，是反映体制试点区声音大小的关键指标。按照声景观感知响度大小排序：小贩叫卖声（3.69）> 虫鸣声

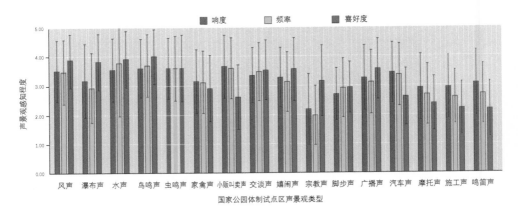

图5-1　声景观响度、频率与喜好度的感知程度

（3.62）＞鸟鸣声（3.60）＞水声（3.57）＞风声（3.54）＞汽车声（3.46）＞交谈声（3.38）＞嬉闹声（3.30）＞广播声（3.27）＞瀑布声（3.20）＞家禽声（3.17）＞鸣笛声（3.09）＞施工声（2.96）＞摩托声（2.93）＞脚步声（2.71）＞宗教声（2.19）。综合来看，自然声响度最大（3.45），机械声其次（3.14），人为活动声最小（3.05）。根据现场调研发现，小贩叫卖声响度最大的原因主要是，小贩普遍开车进入体制试点区进行商品售卖，车上载有喇叭，喇叭声音大且刺耳，致使居民对小贩叫卖声的响度感知评估较高。

声景观的感知频率是反映体制试点区声景观可感知数量多少的重要指标。感知概率高低排序：水声（3.78）＞鸟鸣声（3.71）＞小贩叫卖声（3.62）＞虫鸣声（3.61）＞风声（3.51）＞交谈声（3.50）＞汽车声（3.38）＞嬉闹声（3.15）＞家禽声（3.13）＞广播声（3.13）＞瀑布声（2.94）＞脚步声（2.93）＞鸣笛声（2.73）＞摩托声（2.70）＞施工声（2.61）＞宗教声（1.99）。综合来看，自然声感知频率最高（3.45），人为活动声其次（3.04），机械声感知频率最低（2.91）。体制试点区村庄多是沿着河流布局，开化县属中亚热带温暖湿润季风区，雨水充沛，河流等水声响亮。寺庙钟声等宗教声音感知频率最低，主要是因为凌云寺等宗教建筑距离居民点普遍较远。体制试点区的建设用地为 9 hm²，仅占总面积的 0.04%，这是施工声音被感知频率较低的重要原因。

声景观喜好度感知是反映人们对于现状声景观喜欢程度的重要指标。体制试点区声景观喜好度感知排序：鸟鸣声（4.02）＞水声（3.91）＞风声（3.89）＞瀑布声（3.83）＞虫鸣声（3.62）＞嬉闹声（3.58）＞广播声（3.57）＞交谈声（3.54）＞宗教声（3.17）＞脚步声（2.94）＞家禽声（2.93）＞汽车声（2.63）＞小贩叫卖声（2.62）＞摩托声（2.38）＞施工声（2.22）＞鸣笛声（2.19）。综合来看，自然声喜好度最高（3.70），人为活动声其次（3.17），而机械声喜好度最低（2.60）。鸟鸣声是最受当地居民喜欢的声景观，体制试点区野生鸟类主要以林鸟、猛禽、水鸟为主，物种多样性丰富，为当地居民提供了良好的鸟鸣声景观感知氛围。

5.2.1.2 整体声景观听觉感知

本研究从体制试点区整体声景观响度、声景观协调程度、声景观舒适程度与满意程度开展调查研究，由图 5-2 可知，在响度感知方面，认为声景观响度很大的人数占总人数的 4.82%，认为声景观响度比较大的人数占总人数的

26.65%，43.65% 的居民认为声景观响度适中；在协调程度感知方面，认为声景观非常协调的居民占调查总人数的14.21%，比较协调人数占总人数的52.79%，二者加起来超过60%，说明体制试点区居民认为声景观比较协调；在舒适程度感知方面，认为声景观非常舒适的人数占总调查人数的26.40%，认为比较舒适的人数占总人数的47.97%，二者占比超过70%，说明大部分居民认为体制试点区声景观比较舒适；在满意度感知方面，认为声景观非常满意的人数占总人数的27.66%，认为比较满意的人数占总人数的48.73%，这说明体制试点区声景观满意程度整体较高。

根据居民对体制试点区声景观整体感知打分情况统计，声景观整体响度感知值为3.07，各类声景观协调程度感知值为3.75，声景观舒适程度感知值为3.96，声景观满意程度感知值为3.99，这说明钱江源国家公园体制试点区声景观响度中等，声景观协调程度较高，声景观舒适感较高，生活在这一区域的居民对声景观整体比较满意。

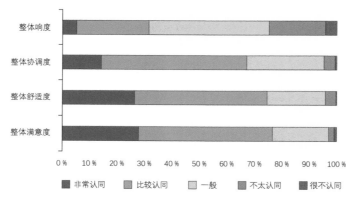

图5-2　体制试点区整体声景观的听觉感知程度

5.2.2 声景观听觉感知行为的影响

5.2.2.1 理论假设

上述研究已经发现，不同声景观的响度感知、频率感知以及喜好度感知等均存在一定差异，居民对体制试点区整体声景观的听觉感知评估，不仅受到声景观声源类型的影响，也还受到不同声源响度、频率和喜好的多重影响，而且各影响因素之间也存在联系。为了厘清这一影响效应，提高对听觉感知行为影响的解释力和预测力，本研究参考计划行为等相关理论，对各影响因素进行分析、提出研究假设并构建感知行为影响的理论假设模型（图5-3）。

（1）声景观响度感知

居民对于声景观的响度感知主要表现在该声音高低层面，声景观响度越大，代表人耳听到的声音越清晰，这可能会提高人们对声景观的喜欢程度与满意程度。此外，声景观响度还与人们所处环境的视觉感受有关，在听觉和视觉的感官互动中，声景观响度大小可能与视觉满意度存在联系。以此推断如下。

H1a：声景观响度感知会影响人们对声景观的喜好度。

H1b：声景观响度感知会影响人们对声景观的满意度。

H1c：声景观响度感知会影响人们的视觉满意度。

（2）声景观感知频率

感知频率大小体现了居民对于某类声音的感知次数，对于感知频繁的声音既可能会使人产生依赖感，提升对声景观的喜好程度与满意程度，同时也可能产生厌烦感，降低对于声景观的好感与满意度。以此推断如下。

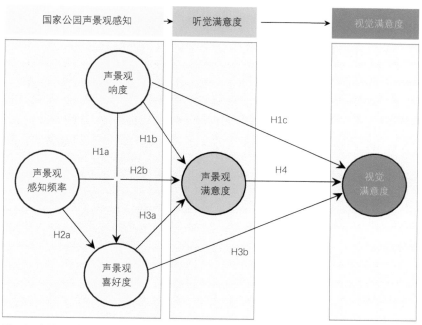

图5-3 声景观听觉感知影响的理论假设模型

H2a：声景观感知频率会影响人们对声景观的喜好度。

H2b：声景观感知频率会影响人们对声景观的满意度。

（3）声景观喜好度感知

喜好度感知体现了人们对于某种声音的喜欢程度，一般来说，人们越喜欢某种声音，就代表对该声音的满意程度越高，同时，由于听觉感官与视觉感官的紧密联系，声景观喜好程度可能影响人们对所处环境的视觉感受。以此推断如下。

H3a：声景观喜好度会影响人们对声景观的满意度。

H3b：声景观喜好度会影响人们的视觉满意度。

（4）声景观满意度感知

人们在感知声景观的过程中，会产生一定视觉联想，人们对某种声音满意程度的提高，可能会增强对声音所处环境的视觉感受。以此推断如下。

H4：声景观满意度会影响人们的视觉满意度。

5.2.2.2 模型检验

按照以上假设运用 SmartPLS 3.0 软件，构建结构方程模型并将修正后的数据带入模型，主要结果如下。

（1）信度检验

采用内部一致性信度检验和组合信度（composite reliability，CR）检验进行信度检验，其中，前者主要采用 Cronbach's Alpha 测量。结果如表5-3 所示，除了视觉满意度，其他指数都大于 0.7，且视觉满意度（0.692）大于 0.6、接近 0.7。一般认为，Cronbach's Alpha 越接近 1，信度越高。当

表5-3 信度检验和收敛效度检验

潜变量	内部一致性信度	组合信度	平均抽取变异量
声景观响度	0.761	0.844	0.577
声景观频率	0.785	0.861	0.609
声景观喜好度	0.802	0.870	0.627
声景观满意度	0.818	0.892	0.734
视觉满意度	0.692	0.811	0.519

Cronbach's Alpha ≥ 0.7 时，即属于高信度区间（白江迪等，2019）。组合信度检验结果显示，CR 均大于 0.8，符合标准，表明各变量均通过了信度检验，具有良好的一致性或稳定性。

（2）效度检验

采用判别效度和收敛效度进行效度检验，主要用于检测排他性问题和周延性问题。判别效度通过衡量平均抽取变异量（average variance extracted values，AVE）值的平方根是否大于其他潜变量相关系数的绝对值进行判断；收敛效度一般通过比较 AVE 值是否大于 0.5 进行判断。通过表 5-3 收敛效度与表 5-4 判别效度分析，结果显示模型收敛效度较好，判别效度也符合要求。

（3）显著性检验

通过 Bootstrapping 算法对模型进行显著性检验，结果如表 5-5。假说

表5-4　判别效度检验结果

潜变量	声景观响度	声景观喜好度	声景观满意度	视觉满意度	声景观感知频率
声景观响度	0.759				
声景观喜好度	0.426	0.792			
声景观满意度	0.243	0.469	0.857		
视觉满意度	0.204	0.401	0.325	0.721	
声景观感知频率	0.875	0.451	0.299	0.236	0.781

表5-5　模型拟合结果

假说	潜变量间关系	标准路径系数	T	p	假说检验结果
H1a	声景观响度 → 声景观喜好度	0.137	1.342	0.180	不支持
H1b	声景观响度 → 声景观满意度	-0.138	1.324	0.186	不支持
H1c	声景观响度 → 视觉满意度	0.031	0.570	0.569	不支持
H2a	声景观感知频率 → 声景观喜好度	0.331	3.065	0.002	支持
H2b	声景观感知频率 → 声景观满意度	0.228	2.177	0.030	支持
H3a	声景观喜好度 → 声景观满意度	0.426	8.593	0.000	支持
H3b	声景观喜好度 → 视觉满意度	0.305	4.660	0.000	支持
H4	声景观满意度 → 视觉满意度	0.174	2.909	0.004	支持

注：“→”代表路径方向。

H1a、H1b、H1c 没有达到显著性检验，不支持原假说。H2a、H2b、H3a、H3b、H4 等假说均达到了显著性检验。

5.2.2.3 模型结果分析

上述模型检验比较理想，说明模型能够说明声景观听觉感知的影响效应，模型结果如图 5-4 所示。

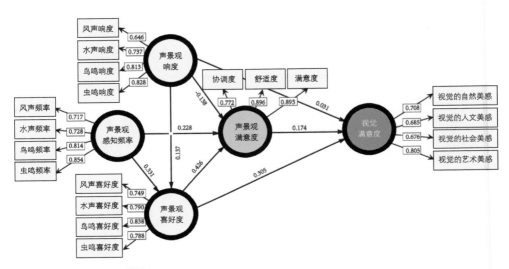

图5-4　声景观听觉感知影响模型

（1）声景观响度的影响效应

声景观响度感知对声景观喜好度、声景观满意度以及视觉满意度的影响均未达到显著性水平，p 值分别为 0.180、0.186 和 0.569，不支持假说 H1a、H1b、H1c。声景观响度主要与声源振幅有关，声源振幅越大，响度越大。人们普遍喜欢响度适中的声景观，这类声音对于人们的听觉感知体验能够起到明显的促进作用。结合实地调研也发现，在钱江源国家公园体制试点区，社区居民更喜欢响度适中或偏小的自然声，对于响度较大的机械声喜欢程度较低。因此，声景观响度感知对声景观喜好度、声景观满意度以及视觉满意度不具有影响作用。

（2）声景观感知频率的影响效应

声景观感知频率对声景观喜好度、声景观满意度的影响达到显著水平，

p 值分别为 0.002 和 0.03，在 1% 和 5% 统计水平上显著，支持假说 H2a 和 H2b，路径系数分别是 0.331、0.228，说明声景观感知频率每多增加 1 单位，声景观的喜好度和满意程度就分别增加 0.331 与 0.228 个单位。这说明，人们听到声景观次数的多少在一定程度会影响人们对声景观的喜欢程度与满意程度。

（3）声景观喜好度的影响效应

声景观喜好度对声景观满意度和视觉满意度的影响达到显著水平，p 值均在 1% 统计水平显著，支持假说 H3a 和 H3b，路径系数分别是 0.426 和 0.305。这说明人们对鸟鸣、虫鸣和水声等自然声景观的喜好程度，影响了人们对体制试点区整体声景观的满意度感知，同时，声景观喜好程度越高，视觉满意度也会越高，声景观喜好度对视觉满意度具有影响作用。

（4）声景观满意度的影响效应

声景观满意度对视觉满意程度的影响达到显著水平，p 值为 0.004，在 1% 统计水平上显著，支持假说 H4，路径系数为 0.174，这说明声景观满意度对视觉满意度具有影响作用。人们在感知某处景观时，视觉和听觉等多个感官共同作用，听觉满意程度的提升，在一定程度上会促进视觉感官感知的满意度。

整体而言，声景观感知频率与喜好度都能对声景观满意度产生影响，而在这两个因素中，喜好度感知（0.426）的影响效应大于感知频率（0.228）。影响视觉满意度的两个因素中，声景观喜好度（0.305）的影响效应也同样大于声景观满意度（0.174）。这在一定程度上说明了声景观喜好度对于体制试点区景观美学感知的重要性。

5.2.3 声景观听觉美学质量

5.2.3.1 声学参数测定与主观评估

本章尝试通过引入声学客观参数，结合声景观愉悦度主观评估，构建声景观主客观美学质量评估模型。声学参数测定结果与主观愉悦度评估结果如表 5–6 所示。

观察数据得知，被试者对样本响度的敏感性最强，响度低的样本普遍愉悦度较高，而响度高的样本，愉悦度普遍都很低，即响度和愉悦度大致成反比。为了科学解释客观参数与主观评估之间的关系，本研究引入统计学工具做进一步分析。

表5-6 样本声学参数和主观愉悦度

样本	客观参数				主观指标
	响度	尖锐度	粗糙度	波动度	愉悦度
T1	8.80	3.69	0.014	0.012	3.08
T2	1.10	1.87	0.010	0.012	4.03
T3	5.41	2.91	0.011	0.012	1.81
T4	3.22	4.10	0.007	0.012	3.27
T5	2.25	3.37	0.010	0.014	3.89
T6	19.20	2.42	0.028	0.041	1.45
T7	8.52	2.14	0.034	0.035	3.59
T8	1.39	2.24	0.012	0.018	3.64
T9	15.80	2.53	0.023	0.065	2.38
T10	5.42	2.66	0.018	0.015	3.22
T11	4.13	1.89	0.022	0.030	4.22
T12	1.30	2.95	0.011	0.008	4.13
T13	6.55	1.80	0.023	0.035	2.31
T14	10.30	3.34	0.018	0.017	2.89
T15	4.59	4.05	0.009	0.032	3.52
T16	1.58	1.90	0.012	0.013	3.92
T17	7.73	2.55	0.019	0.013	3.14
T18	2.09	3.65	0.013	0.009	4.33
T19	5.25	2.76	0.014	0.021	2.80
T20	1.80	3.18	0.011	0.012	4.34
T21	9.38	2.21	0.025	0.043	1.98
T22	1.70	1.90	0.011	0.012	3.64
T23	0.71	1.54	0.010	0.010	4.19
T24	9.77	2.07	0.018	0.043	2.14
T25	1.04	1.83	0.010	0.010	4.17
T26	3.72	3.35	0.012	0.019	3.75
T27	5.66	2.85	0.014	0.019	3.36

（续）

样本	客观参数				主观指标
	响度	尖锐度	粗糙度	波动度	愉悦度
T28	2.01	2.85	0.010	0.012	3.64
T29	3.77	3.53	0.014	0.010	2.81
T30	10.40	3.16	0.019	0.016	2.70
T31	3.16	2.50	0.011	0.011	3.09
T32	8.00	1.57	0.026	0.048	2.28
T33	11.20	1.94	0.063	0.109	3.17
T34	11.10	2.52	0.020	0.021	2.72
T35	4.61	2.45	0.012	0.089	2.66
T36	1.97	3.49	0.011	0.013	4.20
T37	9.47	3.33	0.020	0.011	3.27
T38	11.90	3.46	0.019	0.021	2.08
T39	6.32	1.70	0.019	0.015	2.77
T40	4.48	2.34	0.019	0.015	3.47
T41	2.56	2.38	0.016	0.016	4.39
T42	5.53	1.66	0.026	0.028	3.19
T43	3.69	3.34	0.012	0.019	3.72
T44	4.55	2.50	0.014	0.018	3.05
T45	4.04	2.95	0.013	0.014	3.41
T46	3.54	2.15	0.015	0.012	3.45
T47	6.12	2.86	0.017	0.012	3.63
T48	2.64	3.08	0.009	0.008	3.75
T49	11.20	2.11	0.024	0.039	3.08
T50	12.40	1.83	0.032	0.042	1.81
T51	5.16	2.76	0.014	0.015	3.13
T52	2.72	4.92	0.027	0.008	4.13
T53	3.98	2.45	0.015	0.012	2.86

5.2.3.2 评估模型构建

（1）一元线性回归分析

对主观愉悦度评估值和响度、尖锐度、粗糙度、波动度等客观声学参数进行线性回归分析，结果如图5-5所示。

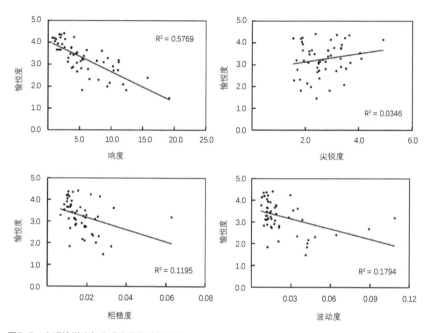

图5-5　主观愉悦度与客观声学参数相关性

结果表明，响度和主观愉悦度之间的线性相关性较强，绝大多数的数据点都分布在回归线附近，响度参数与主观愉悦度成反比关系。除响度参数以外，其他客观声学参数和主观愉悦度之间并不存在显著的线性相关性，说明客观声学参数对愉悦度的影响并非相互独立，用一元线性相关分析的方法分析体制试点区声景观主观感知与每个客观声学参数的独立关系会导致较大的偏差。

（2）多元线性回归模型

主观评估结果 y 的信赖变量 x_i （ $i = 1, 2, \cdots, m$ ）为多个时， y 与 x_i 的多元线性回归方程：

$$y = \alpha + \beta_1 x_1 + \cdots \beta_m x_m + \varepsilon \qquad (5-1)$$

式中：

α , β_1 , $\cdots \beta_m$ —— 线性回归系数；

ε —— 随机误差，假定 ε 遵从正态分布 N（0，σ^2）。

为了增强回归模型的精确性，本次研究将 53 个声音材料全部作为样本进行统计分析。在建立回归模型之前，首先对表 5-6 中的客观声学参数结合主观愉悦度评估值进行显著性检验，方差分析结果如表 5-7 所示。结果表明，组间方差与组内方差的比率 F 值为 21.139，显著性 p 值小于 0.01，说明主观愉悦度和声学参数之间的线性关系具有显著性，这也为下一步回归模型的建立奠定了基础。

在多元线性回归分析的基础上建立回归模型，表 5-8 显示了回归模型的各个参数。多元线性回归模型反映回归精度的 R^2 值为 0.61，均方根误差为 0.44，说明建立的预测模型与实际值间具有一致性。

表5-7　方差分析结果

模型	平方和	自由度	均方	F	显著性
回归	17.897	4	4.474	21.139	0.000
残差	10.160	48	0.212		
总计	28.056	52			

表5-8　多元线性回归模型参数

模型	估计值	标准误差	标准系数	t 比率	显著性
常量	3.411	0.316		10.800	0.000
响度	-0.159	0.020	-0.873	-7.761	0.000
尖锐度	0.144	0.093	0.144	1.547	0.128
粗糙度	27.937	10.863	0.341	2.572	0.013
波动度	-5.609	4.647	-0.150	-1.207	0.233

根据表 5–8 中的数据写出回归模型的预测表达式，即钱江源国家公园体制试点区声景观听觉美学质量评估模型：

$$S_p = 3.411 - 0.159L_n + 0.144S_n + 27.93R_n - 5.609F_s \qquad （5-2）$$

式中：

S_p —— 愉悦度；

L_n —— 声学参数响度；

S_n —— 声学参数尖锐度；

R_n —— 声学参数粗糙度；

F_s —— 声学参数波动度。

根据模型中的各项系数比较得知，响度参数的系数虽然并非最大，但由于式（5-2）中声学参数值均为测定的实际值，其余各项声学参数的数值与响度值相比具有明显差距，因此，在式（5-2）中，响度参数对愉悦度仍具有主导作用，且二者关系成反比。

模型愉悦度预测值和实际值之间的关系如图 5-6 所示。图中两条虚线表示愉悦度 95% 的范围上限和下限，此范围内分布着大部分的数据点，这说明模型愉悦度预测值与愉悦度实际值之间的吻合程度较高，这进一步说明了所建模型的有效性。

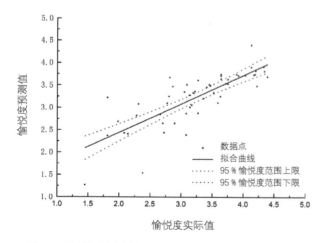

图5-6　预测模型的有效性

因此，采用响度、尖锐度、粗糙度、波动度作为描述体制试点区声景观听觉美学质量的客观声学参数具有适宜性。响度作为影响体制试点区声景观听觉美学感知最主要的声学参数，和愉悦度呈负相关关系。整体而言，使用多元线性回归方法得出的体制试点区声景观听觉美学质量预测模型，建立了主观感受和客观参数之间的有效联系，可以用来描述和预测体制试点区声景观的听觉美学质量。

5.2.3.3 不同类型声景观的听觉美学质量评估

根据上述模型结果，采用K-均值聚类法划分等级，将53个美学质量值进行等级划分，听觉美学质量高等组、美学质量中等组和美学质量低等组的样本数量分别为34个、17个和2个，各占总样本64.15%、32.08%和3.77%。美学质量高等组与中等组的样本数总占比超过90%，说明钱江源国家公园体制试点区声景观听觉美学质量处于较高水平。53个声景观样本的听觉美学质量值如图5-7所示。

根据本研究实地调研分析，同时采用专家咨询法，邀请林学、生态学、声学、风景园林学等相关领域9名专家一起到会议室参与声景观类型分类，并反复进行3次，以期更准确识别声景观种类。当某一时刻出现多种声音叠加时，以声音响度与频率为主要依据，考虑不同声音持续时长等因素综合判

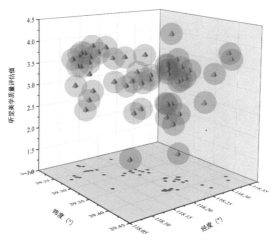

图5-7　样本听觉美学质量统计

定该时刻的声元素。为了检验景观分类合理性，运用 ArtemiS SUITE 软件对 53 个声音样本进行声学分析，通过比对不同类型样本声音的频率光谱曲线（图 5-8），佐证本研究对于体制试点区声景观的分类。最终将声音样本材料划分为虫鸣声、鸟鸣声、水声、交谈声、农业生产声、自然声混合、自然与人工混合等 7 类，其中，前 3 种归类为自然声，交谈声与农业生产声归类为人工声，其余为混合声。

据统计，虫鸣声涉及 6 个样本，鸟鸣声涉及 12 个样本，交谈声涉及 4 个样本，农业生产声涉及 3 个样本，水声涉及 15 个样本，混合自然声涉及 6 个样本，自然与人工混合声涉及 7 个样本。模型模拟得出的声景观听觉美学质量统计如表 5-9 所示，各类声景观听觉美学质量高低排序：虫鸣声（3.86）＞鸟鸣声（3.58）＞自

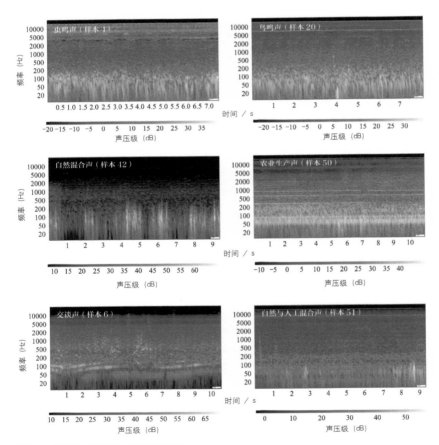

图5-8 体制试点区典型声景观的频谱图

表5-9 不同类型声景观的听觉美学质量

类型	声景观	听觉美学质量
自然声	虫鸣声	3.86 ±0.25
	鸟鸣声	3.58 ±0.27
	水声	3.17 ±0.39
人工声	交谈声	2.43 ±0.73
	农业生产声	2.98 ±0.46
混合声	自然声混合	3.25 ±0.44
	自然与人工混合	2.77 ±0.58

然声混合声（3.25）>水声（3.17）>农业生产声（2.98）>自然与人工混合声（2.61）>交谈声（2.43）。整体来看，自然声景观听觉美学质量最高。

5.2.3.4 不同区域声景观听觉美学质量

根据上述声景观听觉美学质量评估结果，结合样本地理坐标，在 GIS 通过克里金插值得到体制试点区声景观听觉美学质量空间分布（图 5-9）。整体来看，体制试点区南部区域声景观的听觉美学质量最高，北部其次，中部区域美学质量较低。考虑到声景观听觉审美感知受多重主观与客观因素影响，因此，还需要结合功能区与行政管理区布局进行多角度系统分析。

参考样本地理坐标与国家公园功能分区范围，在对样本按照功能区进行分类基础上，得到各功能区的听觉美学质量，高低排序：生态保育区（3.51）>核心保护区（3.43）>游憩展示区与传统利用区（均为 2.94）。根据国家公园管理局设置的行政管理区范围，听觉美学质量高低排序：苏庄管理区（3.45）>齐溪管理区（3.34）>何田管理区（3.05）>长虹管理区（2.92），其中，苏庄管理区是古田山自然保护区所在地，齐溪管理区是钱江源森林公园所在地（与钱江源省级风景名胜区边界重叠）。结合声景观美学质量整体空间分布可推断认为，原有自然保护地区域的声景观听觉美学质量普遍较高，这可能主要是因为经过多年生态环境保护，保护地的鸟鸣、虫鸣等动物声源种类繁多，声景观美学资源丰富。

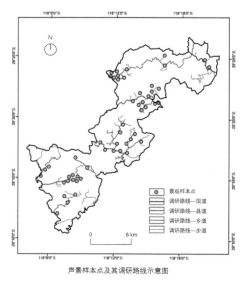

声景样本点及其调研路线示意图

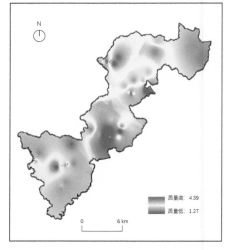

声景质量空间分布图

图5-9 体制试点区声景观美学质量空间分布

5.2.4 听觉感知生理反应

通过对7种声景观的生理数据进行单因素方差分析，由表5-10可知，体制试点区不同类型声景观的心率变化生理指标存在极显著差异性（$p=0.003$）。与无声环境相比，被试聆听体制试点区声景观时会出现心率增加、皮肤电导水平下降、呼吸加速的生理反应。在心率指标方面，与个体平静状态相比，被试

表5-10 声景观感知的生理指标统计

声景观	心率变化（次/min）	皮肤电导率变化（μs）	呼吸频率变化（次/min）
显著性	0.003	0.569	0.188
虫鸣声	1.275 ± 1.049	−3.508 ± 1.112	0.865 ± 0.347
鸟鸣声	1.618 ± 1.111	−3.597 ± 0.991	0.973 ± 0.718
水声	2.453 ± 0.417	−3.684 ± 1.222	1.369 ± 0.349
农业生产声	2.153 ± 0.139	−4.273 ± 0.195	1.247 ± 0.287
交谈声	0.585 ± 1.443	−2.983 ± 1.167	0.835 ± 0.741
混合自然声	2.428 ± 0.545	−4.140 ± 0.176	1.355 ± 0.386
自然与人工混合声	1.653 ± 0.843	−3.811 ± 0.556	1.030 ± 0.426

聆听水声时的心率反应最大，变化值为 2.45 次 /min；聆听交谈声心率反应最小，变化值为 0.59 次 /min。在皮肤电导率变化方面，与平静状态相比，农业生产声引起的皮肤电导率生理反应最大，变化值为 −4.273 μs；交谈声引起的皮肤电导率生理反应最小，变化值为 −2.9825 μs。在呼吸频率变化方面，水声引起的呼吸频率生理反应最大，变化值为 1.37 次 /min；交谈声引起的呼吸频率生理反应最小，变化值为 0.84 次 /min。

5.3 讨论与分析

5.3.1 声景观感知差异及其影响效应

研究发现,体制试点区鸟鸣声、水声和风声是当地居民感知最为频繁的声源，这三种声景观响度较大，也最受公众喜欢，上述三种声景观的感知频率值分别为 3.71、3.78 和 3.51，响度感知值分别为 3.60、3.57 和 3.54，喜好度感知值分别为 4.02、3.91 和 3.89，这说明体制试点区在生态保护与社区发展过程中应该维持和保护好这些声景观。这也证实了 Zhang 和 Kang（2007）的观点，相比人为活动声，人们更喜欢自然属性强的声景观，鸟鸣声和水声常被认为是最受欢迎的声音（Watts & Pheasan，2015）。钱江源国家公园体制试点区具有重要源头文化、水文化，水系众多，素有"野生鸟类天堂"美誉，本研究关于声景观感知频率与喜好度评估结果也很好地证明了这一点。

小贩叫卖声是体制试点区响度最大（3.69）的声景观,同时是感知频率（3.62）较高的声景观之一，而且作为公众最不喜欢的声景观之一（喜好度感知值为2.62），说明该类声景观对公众听觉影响较大，需要通过景观管理手段进一步改善优化。农业生产声在当地被感知较少（2.91），响度也不大（3.14），作为当地不喜欢的一类声景观（喜好度感知值为 2.60），说明在当地得到较好的控制。综合来看，体制试点区声景观的管理重点应是人为活动声，尤其是小贩叫卖声。

从声景观整体感知层面来看，体制试点区声景观响度中等，响度感知值为3.07。李华等人（2018）通过对梅岭国家森林公园声景观的游客调查评估认为，响度过高会让人产生烦躁心理,但也不宜过于安静,过于安静会使人不安和紧张。从这一层面来讲，体制试点区声景观响度适宜。另外，体制试点区各种声源协调度感知值为 3.75，舒适度感知值为 3.96，满意度感知值为 3.99，说明整体声景观能够让人感到舒服，生活在体制试点区的居民整体比较满意。

通过声景观感知行为的影响分析得知，声景观感知频率与喜好度都能对声景观满意度产生影响，在这两个因素中，喜好度的影响作用大于感知频率；影响视觉满意度的两个因素中，声景观喜好度的影响作用也同样大于声音满意度，说明声景观喜好度对于体制试点区景观美学质量具有重要作用。这在一定程度上证明了 Shams（2002）的研究结果，在视听交互的感知过程中，听觉感知能在很大程度上影响视觉感知，尽管听觉器官通常被认为在人类收集周围环境信息的过程中仅起次要作用，但本研究结合实地调研以及相关研究成果认为，对于国家公园这种特殊的自然保护区域，声景观感知在综合景观美学评估中的作用影响，可能超出我们过去的经验预期。甘永洪等（2013）对不同梯度景观进行的视听感知综合评估结果也证明了这一点。Schroeder 和 Anderson（1984）也认为人们对一处景观的美学感知在很大程度上取决于在那里所听到的声音。国家公园景观美学质量评估受视觉、听觉等多感官交互作用影响，在美丽中国建设背景下，对国家公园声景观美学质量的研究和评估应该从传统噪声控制的初级阶段向声景观感知阶段过渡。

5.3.2 不同类型声景观听觉美学质量差异

本研究通过结合客观声学参数与主观愉悦度评估，构建了适用于国家公园体制试点区的声景观听觉美学质量评估模型。研究结果认为，声景观的响度参数和主观愉悦度之间存在很强的线性相关关系，响度是影响体制试点区声景观听觉美学感知最主要的声学参数，和声景观愉悦度呈负相关。根据构建的声景观听觉美学质量评估模型，本研究发现，不同类型、不同区域的声景观美学质量存在显著差异，受声景观构成元素影响，自然声景观听觉美学质量整体高于人工声景观。参考声景观所在功能区特征、行政管理区域划分，本研究认为，生态保护等级高的区域，声景观听觉美学质量普遍较高，这可能主要是因为生态保护等级高的区域人为活动少、声景观响度较小。这也从一定程度上证明响度等客观声学参数对声景观听觉审美的参考意义（陈克安和闫靓，2006）。

本研究认为，在钱江源国家公园体制试点区，人们对声景观的听觉美学感知与景观类型或格局类型有关,主要因为有声物种等自然声景观(鸟鸣、虫鸣等)受到土地利用与空间格局的影响。甘永洪等(2013)通过研究城乡不同梯度声景观感知变化,也证实了土地利用与声景观感知存在联系。Mazaris 等(2009)的研究也表明这一论点,他通过声景观与土地利用、景观格局之间的相关性分析,指出声景观时空变化是景观格局、生物演替与人类活动交互作用的反映。Irvine 等(2009)通过研究不同区域的声景观感知偏好,证明了声景观质量与这个区域的生态保护水平有关,生态保护等级高的区域普遍人工声源少、响度低,而且生物多样性丰富,尤其表现在鸟类等有声物种方面。

5.3.3 声景观听觉感知对生理反应变化的影响

本研究发现,在心率变化方面,水声刺激使被试者的心率变化反应最大(0.453)、交谈声刺激最不易引起被试者的心率变化(0.585)。Hume 和 Ahtamad(2013)记录了 80 名被试者聆听声景观时的心率、心率变异性变化,认为聆听愉快的声景观会使被试者心率变化增加。Buxton 等(2021)对美国 68 个国家公园的 221 个地点进行了自然声景观的调研,他们认为水声对增加积极情绪和保持健康更有效,这一结论与 Barton 和 Pretty(2010)的研究相一致,他们证实自然环境能为公众提供重要的健康服务,水环境的存在产生了更大的影响。而朱玉洁等(2021)则并不完全赞同这一观点,他们认为根据 Ulrich 等(1991)的减压理论,副交感神经活动增加、交感神经活动减少,存在健康正效益,才容易减缓压力。这说明,心率变化大小不能直接说明声景观对被试者的正负吸引力,并非只有愉悦的声音能使被试者心率明显增加,听到尖锐、烦躁的声音可能也会引起被试者心率的较大变化。结合前文声景观听觉美学质量评估结果,本研究认为心率变化不仅与声景观带给人的心理感受有关,还与声景观本身的响度和韵律感等因素有关。

5.4 小 结

通过研究不同声景观的听觉感知及其影响作用,引入客观声学参数,构建声景观听觉美学质量评估模型,比较不同类型、不同功能区、不同行政管理区的声景观听觉美学质量差异，并探究不同类型声景观听觉感知的生理变化。本章得到的主要结论如下。

① 根据声景观感知分析发现，自然声整体响度最大，人为活动声响度最小；自然声感知频率与喜好度整体最高。钱江源国家公园体制试点区声景观响度中等、声景观元素间协调度较高，居民感知也较为满意。在影响效应方面，本研究发现，声景观感知频率与喜好度能对声景观满意度产生显著影响，并影响视觉满意度。

② 钱江源国家公园体制试点区声景观听觉美学质量处于较高水平。其中，虫鸣声和鸟鸣声听觉美学质量最高，交谈声听觉美学质量最低。整体来看，自然声景观听觉美学质量高于人工声景观，并在空间上呈现出南部质量高、北部其次、中部质量低的分布特征。结合功能区美学质量分布可知，体制试点区声景观美学质量与生态保护等级水平存在一定联系，这主要是因为生态等级高的区域人为活动少，生物多样性丰富，自然声景观种类较多，且尤其体现在鸟类等有声物种层面。在行政管理区层面，结合视觉美学质量评估（SBE），长虹管理区的听觉和视觉美学质量在四个行政管理区中均最低。

③ 与无声环境相比，聆听国家公园体制试点区声景观会使人出现心率增加、皮肤电导水平下降、呼吸频率加速的生理反应。不同声景观的心率变化生理指标存在极显著差异性，p 值为 0.003，其中，水声刺激引起人的心率变化反应最大（2.453 次 /min）、交谈声刺激引起人的心率变化最小（0.585 次 /min）。

6 | 国家公园景观美学心理认知行为与价值评估

心理认知是人们通过物理感知进而形成的心理反应。对于同一景观，不同的人受社会经济以及文化背景等因素影响可能会产生不同的美学认知。为增强研究的科学性与客观性，本研究选取当地社区居民、管理人员与外来游客等核心利益主体作为评估对象，综合开展国家公园体制试点区景观美学认知与价值评估研究。

6.1 研究方法

6.1.1 评估指标

根据美学原理和景观美学内涵,结合研究区实际情况,并咨询相关领域专家,将钱江源国家公园体制试点区景观美学价值分为自然美学价值、人文美学价值和社会美学价值三大类。其中，自然美学价值包括自然生态、原始荒野和山水和谐等美学价值；人文美学价值包括心灵崇拜、民俗文化和如画艺术等美学价值，强调景观美的文学艺术价值属性；社会美学价值包括人居环境、美育科普和身心健康等美学价值，强调景观美的社会或生态公共服务价值属性。

在自然美学方面，自然生态美学价值指的是空气、水、土地、森林、生物等自然资源本身具备的美学价值；原始荒野美学价值是指原生自然景观的美学价值，例如天然林以及未被人类涉足的土地所具备的美学价值；山水和谐美学价值体现的是生态系统的整体美学规律，反映的是山水林田湖草生命共同体美学特征。

在人文美学方面，心灵崇拜美学价值是指人们虔诚感悟和景仰自然景观，进而形成的审美文化价值，主要指神山、神树和风水林等自然景观；民俗文化美学价值体现的是人们对历史遗迹、古树名木、文化传说等具有历史积淀的物质和非物质产物的美学认同感，例如，延续千百年历史的生态保护传统等；如画艺术美学价值强调的是国家公园景观的艺术美学价值，通常用"国家公园美得像是一幅风景画"来形容。

在社会美学方面，人居环境美学价值指的是国家公园社区环境美化绿化层面具备的美学价值；美育科普美学价值强调国家公园的美育功能、科普功能、教育功能，以及其由此产生的美学社会价值；身心健康美学价值强调国家公园自然环境的康养保健功能，主要指通过调节人们的身心健康，使人们产生愉悦感，并由此产生的美学价值。

景观美学价值认知评估体系分为目标层、准则层和指标层3个层次，内容包括认知程度评估和认知价值评估，采用李克特量化标准将定性指标转为定量指标。认知程度评估采用3级量表，其中，3分表示非常认同，1分表示不认同。认知价值评估采用5级量表，其中，5分表示价值高，1分表示价值低。评估指标体系如表6-1所示。

表6-1 景观美学价值认知的评估指标

目标层（A）	准则层（B）	指标层（C）
景观美学 （A）	自然美学 （B1）	自然生态美学价值（C1）
		原始荒野美学价值（C2）
		山水和谐美学价值（C3）
	人文美学 （B2）	心灵崇拜美学价值（C4）
		民俗文化美学价值（C4）
		如画艺术美学价值（C6）
	社会美学 （B3）	人居环境美学价值（C7）
		美育科普美学价值（C8）
		身心健康美学价值（C9）

6.1.2 问卷调查法

为避免单一群体评估造成的结果偏差，保证评估结果的普适性，本研究选择社区居民、管理人员和游客等多核心利益主体对体制试点区景观美学价值进行认知评估。根据前述相关理论分析，基于过去不同利益主体认知研究经验，本文实证问卷主要内容包括个人基本情况、景观美学价值认知与支付意愿等 3 个部分。本研究于 2020 年 8—9 月开展了 3 次预调研，当地常住居民普遍以中老年为主，预调研发现居民对景观美学、美学价值等提法并不完全理解，因此，在问卷设计上增加了指标说明等附件。

（1）社区居民问卷调查

本研究根据钱江源国家公园管理局提供的社区资料与人口数据，对体制试点区涉及的苏庄、长虹、何田和齐溪等 4 个乡镇，以及横中、余村、唐头、溪西、毛坦、苏庄、古田、霞川、真子坑、库坑、高升、陆联、田畈、龙坑、里秧田、仁宗坑、上村、左溪和齐溪等 19 个行政村全部进行了实地调研，受生态移民和搬迁政策影响，高升等村庄虽然在体制试点区范围内，但已无常住人口。调研过程由国家公园管理局工作人员、乡镇执法所工作人员、行政村村干部和护林员带队，在文化礼堂、宗祠、村民委员会、党群服务中心等公共场所，由调研人员集中讲解，并邀请居民进行问卷填写，同时，由村干部和护林员带队对社区居民进行入户调查。

本研究共发放了问卷 531 份，最终回收有效问卷 457 份（附录 E），其中，苏庄镇 145 份、长虹乡 79 份、何田乡 124 份、齐溪镇 109 份，有效问卷回收率为 86.06%（表 6-2）。为保证社区居民景观美学认知评估数据质量，采用 IBM SPSS Statistics 对量表数据进行信度与效度分析。经计算得知，Cronbach's Alpha 为 0.805，大于 0.8；KMO 为 0.873，处于 0.8~0.9，在 95% 甚至 99% 置信水平显著。参考信度和效度标准，体制试点区社区居民问卷数据的内部一致性和结构效度均较好。

（2）管理人员问卷调查

主要选取钱江源国家公园管理局、乡镇执法所、乡镇政府工作人员和村干部等管理人员进行调查，同时根据调查结果对国家林业和草原局（国家公园管理局）、浙江省林业局等机构的多个司局、处室政府管理人员进行了深度访谈。

表6-2 社区居民有效样本统计

乡镇	行政村	行政村代码	户数（户）	人口数（人）	样本量（人）
苏庄镇	横中村	HZ	174	578	25
	余村	YC	44	118	18
	唐头	TT	—	—	22
	溪西	XX	—	—	9
	毛坦	MT	—	—	40
	苏庄	SZ	38	106	20
	古田	GT	137	428	11
长虹乡	霞川	XC	438	1487	25
	真子坑	ZXK	229	815	34
	库坑	KK	377	1523	20
何田乡	高升	GS	—	—	—
	陆联	LL	154	493	46
	田畈	TF	140	496	31
	龙坑	LK	293	1079	47
齐溪镇	里秧田	LYT	110	337	26
	仁宗坑	RZK	192	634	19
	上村	SC	219	670	9
	左溪	ZX	119	612	28
	齐溪	QX	119	368	27
合计	19		2783	9744	457

注：人口数栏内为"—"表示居民点不在体制试点区范围，但村集体所有土地（如农田、林地等）在体制试点区范围，本研究对上述村庄居民也进行了调查。

调研共发放问卷79份（附录F），收回有效问卷74份，有效问卷回收率为93.67%。为保证管理人员的景观美学认知评估数据质量，采用IBM SPSS Statistics对量表数据进行信度与效度分析。经计算得知，Cronbach's Alpha为0.856，大于0.8；KMO为0.823，处于0.8~0.9，在95%甚至99%置信水平显著，参考信度和效度标准，说明体制试点区管理人员问卷数据的内部一致性和结构效度均较好。

（3）游客问卷调查

根据开化县旅游局和钱江源国家公园管理局提供的旅游资料，5月至11月是钱江源国家公园体制试点区的旅游旺季，前往该地区从事游憩活动的游客较多。为了保证问卷调查的代表性，同时考虑浙江省新冠疫情防控要求，实地问卷调查的时间定于2020年9月至11月。关于调查问卷发放的地点选择问题，通过与钱江源国家公园管理局和乡镇政府工作人员多次沟通，同时结合对四个乡镇旅游部门工作人员的深度访谈，获取了各片区游客流量信息，确定在古田山游客中心、钱江源游客中心、里秧田村游客服务中心（村民委员会）及开化县市区进行问卷发放，并进行3次预调查。受到疫情影响，国家公园特许经营者以及管理人员都表示游客数量较以往有所减少，因此，同时联系了衢州、开化、宁波等周边城市旅游公司，对近两年到钱江源国家公园旅行的游客进行了网络问卷调查，主要由导游通过以前微信群发给游客，每位游客答完问卷会得到1~3元红包。此外，为增加问卷数量，经与主管部门商量，钱江源森林公园游客中心与古田山自然保护区游客中心工作人员也参与了游客的问卷调研。

调研共发放问卷616份（附录G），收回有效问卷542份，有效问卷回收率为87.99%。为保证游客的问卷数据质量，采用IBM SPSS Statistics对量表数据进行信度与效度分析。经计算得知，Cronbach's Alpha为0.716，大于0.6，小于0.8；KMO为0.823，处于0.8~0.9，在95%甚至99%置信水平显著。参考信度和效度标准，说明体制试点区游客问卷数据的内部一致性和结构效度均较好。

6.1.3 熵值法

参考前人研究认为，不同的价值认知指标对体制试点区景观美学综合评估结果的贡献度有所差异，在综合评估前需要对各指标所赋权重进行研究。熵值法（entropy value method, EVM）作为综合指标评估方法中的客观赋权方法，由于排除了人为主观因素影响，比传统主观赋权方法的可信度更高。EVM主要根据指标信息量进行赋权，熵可理解为对于不确定性的度量。指标信息量越大，代表该指标的不确定性越小，熵值也越小，则该指标权重越大；反之，指标信息量越小，代表指标的不确定性越大，熵值也就越大，该指标的权重也越小。EVM具体步骤如下（赵正等，2019）：

① 数据标准化处理，采用离差标准化方法对原始数据 x_{ij} 进行无量纲化处理，得到综合评估的初始矩阵 $Y=(y_{ij})_{n \times m}$（$0 \le i \le m, 0 \le j \le n$）。基于此，计算第 j 项指标下第 i 位被调查者的指标值比重 z_{ij}（$0 \le z_{ij} \le 1$），计算公式：

$$z_{ij}=y_{ij}/\sum_{i=1}^{m} y_{ij} \qquad (6-1)$$

在此基础上，建立调查数据的比重矩阵 $Z=(z_{ij})_{m \times n}$，并计算各项美学认知指标的信息熵值 e 和信息效用值 d，则第 j 项认知指标的信息熵值 e_j 的计算公式：

$$e_j=K\sum_{i=1}^{m} z_{ij} \ln (z_{ij}) \qquad (6-2)$$

式中：

K—— 常数，且 $K=1/\ln(m)$。第 j 项景观美学价值认知指标的信息效用值 d_j 取决于其熵值 e_j 与 1 的差值，即 d_j 越大，该景观美学价值认知指标权重越大。信息效用值 d_j 的计算公式：

$$d_j=1-e_j \qquad (6-3)$$

② 估计景观美学价值认知指标权重，其信息效用值 d_j 越高，相应指标权重越大，该项指标对综合认知结果的贡献也越大。第 j 项指标的权重的计算公式：

$$w_j=d_j\sum_{j=1}^{n} d_j \qquad (6-4)$$

③ 采用加权求和方法计算综合评估值 U，U 越大代表样本效果越好。若以 U 表示综合评估值，w_j 表示第 j 项指标的权重，则综合评估值 U 的计算公式：

$$U=\sum_{i=1}^{n} y_{ij} w_j \times 100 \qquad (6-5)$$

6.1.4 综合模糊评估法

模糊综合评估法是一种利用模糊数学隶属度理论，进行量化分析的综合评估方法。体制试点区景观美学价值认知评估具有一定模糊性，基于模糊数学将钱江源国家公园体制试点区景观美学定性评估转为定量评估，比层次分析法等传统方法更加有针对性和系统性。参考前人研究，采用一级模糊综合评估对钱江源国家公园体制试点区景观美学的各项价值进行评估，同时采用二级模糊综合评估对体制试点区景观美学的总体认知价值进行评估（赵正等，2019）。

一级模糊综合评估的具体步骤：

① 构建模糊综合评估指标集。一级指标集为 $B_1 = \{C_1, C_2, C_3\}$，$B_2 = \{C_4, C_5, C_6\}$，$B_3 = \{C_7, C_8, C_9\}$；二级指标集 $A = \{B_1, B_2, B_3\}$。

② 构建评语集 $V = \{V_1, V_2, V_3, V_4, V_5\} = \{$很高，比较高，一般，比较低，很低 $\}$。

③ 根据上文熵值法计算各指标的权重集向量 K，由 m 位被调查者对指标集 A 进行评估并形成模糊映射，对结果汇总可得一级模糊综合评估矩阵 R。其中，r_{ij} 表示每位被调查者关于每一指标具有评语 V_1，V_2，$\cdots$，V_5 的程度，且 $0 \leqslant i \leqslant m$，$0 \leqslant j \leqslant n$。根据最大隶属原则，本研究的 r_{ij} 最大值取 1。

$$R = \begin{bmatrix} r_1 \\ r_2 \\ \vdots \\ r_m \end{bmatrix} = \begin{bmatrix} r_{11} & r_{12} & \cdots & r_{1n} \\ r_{21} & r_{22} & \cdots & r_{2n} \\ \vdots & \vdots & \vdots & \vdots \\ r_{m1} & r_{m2} & \cdots & r_{mn} \end{bmatrix} \qquad (6\text{-}6)$$

④ 在确定各级指标的权重集向量和构建模糊综合评估矩阵 R 的基础上，获得一级模糊综合评估集。各类美学认知价值的一级模糊评估集 S_{B1}，S_{B2}，S_{B3} 的具体计算方式：

$$S_{Bi} = K_{Bi} * R_{Bi} = (b_{1i}, b_{2i}, \cdots b_{ni}) \qquad (6\text{-}7)$$

式中：

* —— 广义模糊合成运算。

应用模糊评估中的最大隶属度原则，b_j 的最大值所对应评语集 V_j 为本研究一级模糊评估的最优评判结果。若以 "* ^" 表示广义模糊 "与" 运算，"* ∨" 表示模糊 "或" 运算，则 b_j 的计算公式：

$$b_j = (a_1 *{}^{\wedge} r_{1j}) *{}^{\vee} (a_2 *{}^{\wedge} r_{2j}) *{}^{\cdots} {}^{\vee} * (a_m *{}^{\wedge} r_{mj}) \qquad (6\text{-}8)$$

考虑到仅由 S_{Bi} 作为评估指标的片面性，将其整理为二级评估指标 S_B，实施二级模糊综合评估。

① 基于二级模糊指标集 A，以 S_{B1}，S_{B2}，S_{B3} 可构成二级评判矩阵 S_B 如下：

$$R_B = \begin{vmatrix} S_{B1} \\ S_{B2} \\ S_{B3} \end{vmatrix} = \begin{bmatrix} b_{11} & b_{12} & b_{13} \\ b_{21} & b_{22} & b_{23} \\ b_{31} & b_{32} & b_{33} \end{bmatrix} \qquad （6-9）$$

② 构建二级模糊综合评估集 S_B，最终的模糊综合评估方式与一级模糊综合评估的方式一致。二级模糊综合评估集的具体构成形式：

$$S_B = K_B * R_B = (b_1, b_2, \cdots, b_n) \qquad （6-10）$$

体制试点区景观美学认知价值具有模糊性，可采用模糊数学思想对评语模糊子集 S_B 和 S_{Bi} 进行综合考虑，从数量上刻画和描述体制试点区美学认知价值，使评估结果更加符合实际。具体在构建评语集 V 的基础上对评语集 V 的每个评语给出相应的等级参数，得到参数列向量作为评语集相对应的评分集 $N = (N_1, N_2, N_3, N_4, N_5)^T = (5, 4, 3, 2, 1)^T$。基于确定的评分集 N 可以得到利用向量内积运算得出的等级参数评估结果：

$$S_B \cdot N = \sum_{j=1}^{n} b_j \cdot N_j \qquad （6-11）$$

式中：

S_B —— 评语模糊子集；

N —— 评分集，且等级参数的具体评判结果 P 为实数。

本研究拟对得到的二级模糊综合评估结果 S_B 进行归一化处理，从而使 $0 \leqslant b \leqslant 1$ 且 $\Sigma b_j = 1$，因此实数 P 的值相当于以二级模糊综合评估集 S_B 为权向量关于 N_1，N_2，N_3，N_4，N_5 的加权平均值，即实数 P 的值反映了由模糊综合评估集 S_B 和评分集 N 带来的综合信息，可判断体制试点区景观美学价值认知的总体实际得分。

6.1.5 条件价值法

6.1.5.1 研究方法

目前，学术界对公共物品价值的评估主要有表现偏好和陈述偏好两种方法。条件价值法（contingent valuation method, CVM）作为典型的陈述偏好方法，是非市场价值评估应用范围最广、影响最广泛的技术方法。通过构建假想市场，直接调查询问人们对生态产品或服务的支付意愿（willingness to pay，WTP）或接受赔偿意愿（willingness to accept，WTA），以此进行价值评估。虽然WTA和WTP都能反应消费者剩余的变化（赵军等，2007），但WTA值通常会被高估，WTP值更接近市场价值。当前，已有越来越多的研究者将CVM运用于美学价值上面，刘尧等（2017）通过CVM方法对青海北山国家森林公园生态系统美学价值进行研究，王玉龙（2018）运用层次分析法和CVM法对山西天峻山森林资源美学价值进行了定性与定量评估，上述研究都为本研究设计奠定了基础。

本研究通过构建假想市场，采用调研访谈和问卷调查等方法获取被调查者对于体制试点区景观美学价值的支付意愿，以此实现其价值计量。计算公式：

$$E（WTP）= \sum_{i=1}^{n} A_i P_i \qquad （6-12）$$

式中：

$E（WTP）$——被调查者愿意支付的平均支付意愿；

A_i——投标值，即支付意愿金额；

P_i——被调查者选取该数值的概率；

n——投标数，也即设定的投标值数量。

6.1.5.2 假想市场

在正式调研之前，本研究进行了3次预调查，预调查重点是确定支付媒介和支付方式，同时，参考已有研究成果，最终确定以"参与公益保护协会并缴纳会费"作为支付媒介和方式。假想市场方案如表6-3所示。

针对支付投标值可能存在的偏差，本研究主要参考开化县近5年人均可支配收入与恩格尔系数，对投标值进行确认，将最高投标值确定为1500元，其余投

表6-3 假想市场项目方案

项目名称	大美钱江源——国家公园景观保护与恢复示范公益项目
实施机构	林学、生态学、农林经济学专家组成的公益协会
项目措施	一是对自然景观与人文景观进行调查和监测；二是开展环境教育、植物科普和自然教育活动；三是开展保护性规划编制，在重要观景区进行林相改造，保护恢复地域乡土景观等
项目目标	保护国家公园自然景观与地域文化景观
项目地点	钱江源国家公园体制试点区

标值根据 1500 元相应倍数进行设置调整。同时，根据预调查现场发现的支付选择困难问题，结合以往研究经验，减少投标值数量设置，内部群体设置 5 个投标值，外部群体设置 4 个投标值。内部群体和外部群体的起始标值点均设置为 5 元。

6.1.6 二元逻辑斯蒂克（logistic）回归模型

6.1.6.1 研究模型

二元 logistic 回归是因变量为二分类变量时的统计分析方法。本研究因变量是被调查者（内部和外部群体）是否愿意参与公益保护协会并缴纳会费的态度，在"您是否愿意加入公益保护协会参与该项目活动，并每年支付一定会费"问题下，设有"是的，我愿意"和"我不愿意"两个选项，并分别赋值为 1 和 0，即 1 = 支持，0 = 不支持。

二元 logistic 回归模型通常用来预测某一事件的发生概率，且因变量 Y 仅有 2 个分类，通常取值 1 和 0，令 $Y=1$ 的总体概率则为 $P(Y=1)$，n 个自变量分别为 x_1，x_2，$\cdots$，x_n，那么，对应的 logistic 回归模型：

$$P(Y=1)=\frac{\exp(b_0+b_1x_1+b_2x_2+\cdots b_nx_n)}{1+\exp(b_0+b_1x_1+b_2x_2+\cdots b_nx_n)} \quad (6-13)$$

$$=\frac{1}{1+\exp[(b_0+b_1x_1+b_2x_2+\cdots b_nx_n)]}$$

或：

$$\text{logit}P(Y=1)=In\left[\frac{P(y=1)}{1-P(Y=1)}\right]=b_0+b_1x_1+b_2x_2+\cdots b_nx_n \quad (6-14)$$

式中：

b_0——常数项，度量若自变量全部取值为 0 时，$Y=1$ 与 $Y=0$ 的比率之比的自然对数值；

b_i——对应的自变量的回归系数，度量在其他自变量不变情况下，某一自变量 x_i 改变 1 个单位，因变量对应的优势比平均改变 $\exp(b_i)$ 个单位。

6.1.6.2 指标选择和定义

根据上述概念框架和研究假设，本研究针对人口因素、环境因素和态度因素选择了可能影响不同群体对参与公益协会并缴纳会费的意愿指标。具体如表 6-4 所示。

表6-4　影响支付意愿的变量选择

变量		代码	变量性质	变量含义
是否愿意加入公益保护协会并缴纳会费		Y	分类	1=愿意；0=不愿意
人口因素	性别	X1	分类	1=男；0=女
	年龄	X2	连续	实际年龄
	受教育程度——受过高等教育	X3	分类	1=高等教育；0=非高等教育
	受教育程度——受过义务教育	X4	分类	1=完成义务教育；0=未完成义务教育
	职业类别——务农	X5	分类	1=务农；0=不是
	职业类型——个体经营	X6	分类	1=个体经营；0=不是
	职业类别——公务员/事业单位人员/村干部	X7	分类	1=公务/事业/村干部；0=不是
	职业类别——企业	X8	分类	1=企业；0=不是
	职业类别——学生	X9	分类	1=学生；0=不是
	年均收入——2万元及以下	X10	分类	1=2万元及以下；0=不是
	年均收入——3万~5万元	X11	分类	1=3万~5万元；0=不是
	年均收入——6万~15万元	X12	分类	1=6万~15万元；0=不是
	年均收入——16万~30万元	X13	分类	1=16万~30万元；0=不是
	年均收入——31万~50万元	X14	分类	1=31万~50万元；0=不是
	年均收入——51万元及以上	X15	分类	1=51万元及以上；0=不是

（续）

变量		代码	变量性质	变量含义
环境因素	居住地——苏庄镇	X16	分类	1=苏庄；0=不是
	居住地——长虹乡	X17	分类	1=长虹；0=不是
	居住地——何田乡	X18	分类	1=何田；0=不是
	居住地——齐溪镇	X19	分类	1=齐溪；0=不是
	居住地——县城	X20	分类	1=县城；0=不是
	工作地点——县域	X21	分类	1=县域；0=不是
	工作地点——浙江	X22	分类	1=浙江；0=不是
	工作地点——长江三角洲（浙江以外）	X23	分类	1=长江三角洲；0=不是
	工作地点——其他	X24	分类	1=其他；0=不是
态度因素	自然风景态度	X25	分类	1=较低；2=一般；3=较高
	生态环境态度	X26	分类	1=较低；2=一般；3=较高
	环保意识态度	X27	分类	1=较低；2=一般；3=较高
	生态文化态度	X28	分类	1=较低；2=一般；3=较高
	美学功能态度	X29	分类	1=较低；2=一般；3=较高

6.2 研究结果

6.2.1 社区居民对国家公园景观美学的价值认知

6.2.1.1 人口统计学特性

由表 6–5 可知，接受调查的男性居民数量（50.33%）高于女性（49.67%），且以 41~55 岁的中年人居多，占总样本数的 39.82%；其次是 56~70 岁的中老年群体，占总样本数的 32.39%；26~40 岁、71 岁及以上这两部分群体人数相同，均占总样本数 12.47%；25 岁及以下的年轻人最少，仅占总样本数的 2.84%。社区居民的受教育程度普遍较低，其中，未受教育和小学教育程度的人数占总样本数 45.30%；初中教育程度的人数占总样本数的 34.79%；高中及以上受教育程度人数仅占总样本数的 19.91 %。大部分受访居民的职业以务农为主，占总样本数 62.58%；其次是经营农家乐、民宿、售卖当地特产等个体服务业，占

表6-5　受访居民人口统计

人口特征		数量（人）	比例（%）
性别	男	230	50.33
	女	227	49.67
年龄	25岁及以下	13	2.84
	26~40岁	57	12.47
	41~55岁	182	39.82
	56~70岁	148	32.39
	71岁以上	57	12.47
受教育程度	小学及以下	207	45.30
	初中	159	34.79
	高中、中专	67	14.66
	高职、大专	21	4.60
	大学及以上	3	0.66
职业	务农	286	62.58
	个体服务业	93	20.35
	企业员工	34	7.44
	外出务工	27	5.91
	学生	8	1.75
	其他	9	1.97
年均收入	2万元及以下	188	41.14
	3万~5万元	164	35.89
	6万~15万元	82	17.94
	16万~30万元	16	3.50
	31万元及以上	7	1.53
当地居住年限	5年及以下	10	2.19
	6~10年	23	5.03
	11~20年	24	5.25
	21年及以上	400	87.53

总样本数 20.35%；在企业工厂做工和外出务工人数也占一定比例，占总样本 7.44% 和 5.91%。受访居民年均收入多数在 5 万元及以下，其中，年均收入在 2 万元及以下的受访居民有 188 人，占总样本 41.14%；年均收入在 3 万~5 万元的受访居民占总样本 35.89%；年均收入达到 16 万~30 万元、31 万元及以上的受访者人数较少，分别占总样本 3.50% 和 1.53%。受访居民普遍在此地住了 20 年及以上，人数占总样本的 87.53%；居住时间在 5 年及以下的受访居民人数占总样本 2.19%；居住时间为 6~10 年和 11~20 年的受访居民人数类似，分别占总样本 5.03% 和 5.25%。

6.2.1.2 社区居民景观美学价值认知

由图 6-1 可知，认为体制试点区具有自然生态美学价值的受访居民占比最高，达到 91.68%；认为具有人居环境美学价值与如画艺术美学价值的受访居民人数占比超过 80%，分别为 89.72% 和 86.43%；认知程度在 70% 以上的美学价值是美育科普（78.77%）、心灵崇拜（75.05%）、身心健康（75.05%）和原始荒野（74.84%）等美学价值；认知程度在 60% 以上的美学价值是山水和谐（69.37%）和民俗文化（68.71%）美学价值。其中，50% 以上的受访居民强烈认同体制试点区具有自然生态美学价值，40% 以上的受访居民强烈认同人居环境和如画艺术美学价值；30% 以上的受访居民强烈认同原始荒野、身心健康、

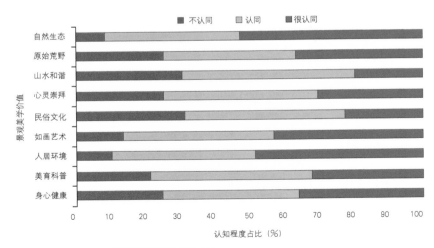

图6-1 社区居民对不同美学价值认知程度的占比

美育科普和心灵崇拜等美学价值；20% 以上的受访居民强烈认同民俗文化美学价值；10% 以上的受访居民强烈认同山水和谐美学价值。

钱江源国家公园体制试点区包括 4 个乡镇，由于各乡镇所处的功能区域不同，管理方式也存在差异，这导致不同乡镇居民对于景观美学价值的认知也存在差异。

在苏庄镇，由图 6-2 可知，认为体制试点区具有自然生态、如画艺术和人居环境美学价值的人数比例达 90% 以上；认为具有原始荒野、民俗文化和美育科普美学价值的人数比例在 75% 左右；山水和谐和心灵崇拜美学价值的认知人数比例为 68%。超过 50% 的人强烈认为体制试点区具有自然生态与人居环境美学价值。

在何田乡，由图 6-3 可知，体制试点区各项景观美学价值认知人数都达到 60% 以上。自然生态美学价值的认知程度最高，人数占比为 93.55%；原始荒野美学价值认知程度最低，人数占比为 63.71%；认为体制试点区具有自然生态和人居环境美学价值的人数比例在 90% 以上；如画艺术和美育科普美学价值认知程度超过 85%；山水和谐、心灵崇拜和身心健康等美学价值认知程度达 70%。超过 40% 的受访居民强烈认为体制试点区具有自然生态与如画艺术美学价值。

在长虹乡，由图 6-4 可知，体制试点区各项景观美学价值认知人数都达到 70% 以上，自然生态美学价值认知程度最高，占比为 97.47%；民俗文化美学价值认知程度最低，占比为 69.62%；认为体制试点区具有自然生态和人居环境美学价值的人数占比达 90% 以上；原始荒野、山水崇拜、如画艺术、美育科普和身心健康等美学价值认知人数占比超过 80%。超过 60% 的受访居民强烈认为体制试点区具有自然生态和人居环境美学价值。

在齐溪镇，由图 6-5 可知，体制试点区各项景观美学价值认知人数占比都达到 60% 以上。认为体制试点区具有自然生态和人居环境美学价值的人数占比达 80% 以上，其中，自然生态美学价值认知程度最高，人数占比为 85.32%；原始荒野、心灵崇拜和如画艺术等美学价值认知人数占比超过 70%；山水和谐和民俗文化美学价值认知程度最低，但人数占比也超过 60%。超过 50% 的人强烈认为体制试点区具有自然生态美学价值。

由表 6-6 可知，社区居民对体制试点区各项美学价值的认知得分排序：自然

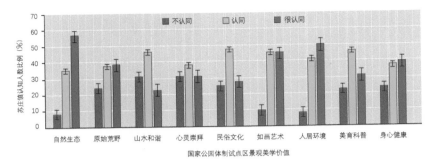

图6-2　苏庄镇景观美学价值认知程度

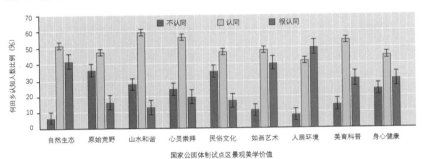

图6-3　何田乡景观美学价值认知程度

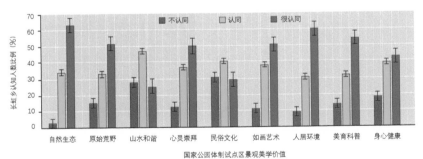

图6-4　长虹乡景观美学价值认知程度

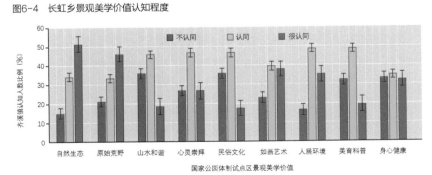

图6-5　齐溪镇景观美学价值认知程度

表6-6　社区居民景观美学价值认知得分

美学价值	苏庄镇	何田乡	长虹乡	齐溪镇	合计
自然生态	2.48	2.35	2.61	2.37	2.44
原始荒野	2.14	1.80	2.37	2.25	2.11
山水和谐	1.92	1.85	1.97	1.83	1.89
心灵崇拜	2.00	1.95	2.38	2.00	2.05
民俗文化	2.03	1.81	1.99	1.82	1.91
如画艺术	2.35	2.29	2.39	2.15	2.29
人居环境	2.42	2.42	2.52	2.18	2.38
美育科普	2.08	2.16	2.41	1.87	2.11
身心健康	2.16	2.06	2.25	1.99	2.11

生态美学价值（2.44）＞人居环境美学价值（2.38）＞如画艺术美学价值（2.29）＞原始荒野／美育科普／身心健康美学价值（2.11）＞心灵崇拜美学价值（2.05）＞民俗文化美学价值（1.91）＞山水和谐美学价值（1.89）。各行政村社区居民对自然生态、人居环境和如画艺术等美学价值认知程度整体较高，民俗文化和山水和谐美学价值认知程度整体偏低。自然生态美在苏庄镇、长虹乡和齐溪镇各社区都属于认知程度最高的美学价值；何田乡居民认为人居环境美是最高的美学价值。苏庄镇与长虹乡居民都认为山水和谐美学价值最低，何田乡与齐溪镇居民都认为民俗文化美学价值最低。

　　基于不同社区美学价值的认知得分统计，对 18 个行政村（高升村已搬迁）认知得分进行聚类分析，价值认知空间分布如图 6-6 所示。在人居环境美学价值层面，中等及以上认知的行政村有 17 个；在自然生态和原始荒野美学价值层面，中等及以上认知的行政村有 15 个；在民俗文化和美育科普美学价值层面，中等及以上认知的行政村有 14 个；在身心健康美学价值层面，中等及以上认知的行政村有 13 个；在山水和谐和如画艺术美学价值层面，中等及以上认知的行政村有 11 个；在心灵崇拜美学价值层面，中等及以上认知的行政村有 10 个。另外，心灵崇拜美学价值认知较低的行政村数量最多，为 8 个；山水和谐和如画艺术等美学价值其次，认知较低的行政村数量均为 7 个。整体而言，不同社区（行政村）居民对各项美学价值认知存在明显差异。

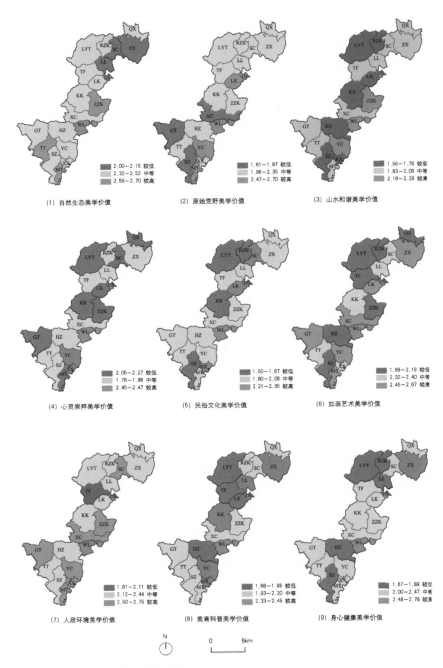

图6-6 不同社区美学价值认知空间分布

注：行政村代码参见表6-2。

6.2.1.3 社区居民人口特征对景观美学价值认知的影响

由表 6–7 可知，除居住年限外，其他人口统计特征都显著影响了受访居民对景观美学价值的认知。性别显著影响了受访居民对山水和谐美学价值的认知，年龄显著影响自然生态、原始荒野、山水和谐、民俗文化、如画艺术、美育科普和身心健康等美学价值的认知，受教育程度显著影响了社区居民对自然生态、原始荒野、山水和谐、心灵崇拜、民俗文化、美育科普和身心健康等美学价值的认知，职业类型显著影响了自然生态、民俗文化、如画艺术、美育科普和身心健康等美学价值的认知，年均收入情况显著影响了自然生态、山水和谐和美育科普等美学价值的认知。

景观美学价值认知的差异主要表现：男性居民普遍比女性居民对景观美学价值的认知程度更高；26~40 岁的受访居民对自然生态、原始荒野和山水和谐等自然美学价值的认知程度最高，40 岁及以下的年轻居民和 41 岁以上的中老年社区居民对社会美学价值和人文美学价值的整体认知程度更高；受教育程度为高职 / 高专的社区居民对自然美学价值和人文美学价值的认知更高，受教育程度为高中 / 中专的社区居民对人文美学价值认知程度更高；职业为务农的受访居民对各项景观美学价值的认知程度普遍偏低；年均收入在 16 万 ~30 万元的受访居民对自然生态美学价值认知程度最高，年均收入在 6 万 ~15 万元的受访居民对山水和谐和民俗文化美学价值认知最高，年均收入在 31 万 ~50 万元居民对美育科普美学价值认知程度最高。

表6-7 居民人口特征对景观美学价值认知的影响

人口特征		自然美学价值						人文美学价值						社会美学价值					
		自然生态		原始荒野		山水和谐		心灵崇拜		民俗文化		如画艺术		人居环境		美育科普		身心健康	
		均值	F值	均值	F值	均值	F值	均值	F值	均值	F值	均值	F值	均值	F值	均值	F值	均值	F值
性别	男	2.45	0.14	2.10	0.08	1.95	6.485**	2.10	0.05	1.97	2.40	2.33	2.69	2.41	0.17	2.22	0.31	2.12	1.59
	女	2.44		2.13		1.83		2.00		1.85		2.26		2.35		1.10		2.10	
居住年限	6-10年	2.22		2.00		1.96		1.91		2.04		2.57		2.43		2.43		2.39	
	11-20年	2.38	1.65	2.13	0.24	2.08	0.78	2.04	1.01	1.96	0.30	2.38	1.44	2.33	1.20	2.21	1.90	2.21	1.28
	21年以上	2.47		2.12		1.88		2.06		1.90		2.27		2.39		2.08		2.09	
年龄	25岁以下	2.29		1.86		2.07		2.36		1.79		2.93		2.71		2.86		2.14	
	26-40岁	2.61		2.48		2.09		2.21		2.23		2.48		2.46		2.39		2.38	
	41-55岁	2.57	6.94***	2.12	4.32***	1.93	3.58***	2.07	1.84	1.93	3.83***	2.28	3.28**	2.40	1.93	2.23	15.80***	2.21	5.24***
	56-70岁	2.34		2.03		1.83		1.97		1.84		2.20		2.34		1.94		1.97	
	70岁以上	2.16		2.02		1.65		1.98		1.77		2.23		2.25		1.68		1.88	
受教育程度	小学及以下	2.32		2.01		1.74		1.89		1.72		2.21		2.32		1.94		1.94	
	初中	2.50		2.18		2.01		2.17		2.03		2.31		2.39		2.23		2.28	
	高中/中专	2.61	4.20***	2.15	2.50**	2.00	4.84**	2.27	5.42***	2.16	7.70***	2.45	1.85	2.48	1.18	2.22	6.49***	2.13	5.20***
	高职/高专	2.67		2.48		2.14		2.14		2.14		2.52		2.57		2.52		2.38	
	本科及以上	2.33		2.33		1.67		1.67		1.67		2.33		2.33		2.33		2.33	

（续）

人口特征		自然美学价值								人文美学价值						社会美学价值			
		自然生态		原始荒野		山水和谐		心灵崇拜		民俗文化		如画艺术		人居环境		美育科普		身心健康	
		均值	F值	均值	F值	均值	F值	均值	F值	均值	F值	均值	F值	均值	F值	均值	F值	均值	F值
职业类型	务农人员	2.36	3.88***	2.08	1.55	1.84	1.05	2.03	0.97	1.83	2.76**	2.26	2.56**	2.33	1.99*	1.99	6.13***	2.03	2.29**
	个体服务业	2.58		2.22		1.90		2.08		2.02		2.25		2.41		2.20		2.21	
	企业职工	2.47		2.06		2.00		2.00		2.18		2.50		2.56		2.35		2.41	
	外出务工	2.74		2.22		2.11		2.11		2.11		2.33		2.56		2.48		2.26	
	学生	2.13		1.63		2.00		2.00		1.88		3.00		2.75		2.88		2.00	
	其他	2.78		2.44		2.00		2.56		2.11		2.33		2.11		2.22		2.22	
年均收入	2万元及以下	2.35	3.55***	2.11	0.52	1.78	3.55***	1.99	0.98	1.81	2.12*	2.24	0.52	2.31	1.47	1.91	6.55***	2.10	0.27
	3-5万元	2.48		2.16		2.02		2.07		1.95		2.32		2.40		2.24		2.08	
	6-15万元	2.57		2.05		1.91		2.17		2.07		2.35		2.46		2.24		2.18	
	16-30万元	2.69		2.06		1.81		2.00		2.00		2.25		2.50		2.31		2.13	
	31万元及以上	2.00		1.86		1.43		1.86		1.86		2.43		2.71		2.43		2.00	

注：*** 表示显著性水平1%，** 表示显著性水平5%，* 表示显著性水平10%。

6.2.1.4 景观美学价值的重要性认知

采用熵值法对美学价值评估指标的权重进行计算，结果如表 6–8 所示。其中，自然美学价值的认知权重为 0.3286，人文美学价值的认知权重为 0.3503，社会美学价值的认知权重为 0.3211。就各项指标的重要性程度而言，人文美学价值 > 自然美学价值 > 社会美学价值，指数值分别为 0.6885、0.7218 和 0.6985。研究表明，在社区居民认知层面，体制试点区景观人文美学价值最重要。

具体来讲，在自然美学价值层面，原始荒野美学价值重要性最强，认知权重为 0.3998；山水和谐美学价值重要性其次，认知权重为 0.3887；自然生态美学价值最弱，认知权重为 0.2115。在人文美学价值层面，民俗文化美学价值重要性最强，认知权重为 0.3867；心灵崇拜美学价值重要性其次，认知权重为 0.3562；如画艺术美学价值重要性最弱，认知权重为 0.2572。在社会美学价值层面，身心健康美学价值重要性最强，认知权重为 0.4050；美育科普美学价值重要性其次，认知权重为 0.3529；人居环境美学价值重要性最弱，认知权重为 0.2421。

表6-8　社区居民美学价值认知的评估指标权重

准则层	权重	指数值	指标层	全局权重	组内权重	指数值
自然美学价值（B1）	0.3286	0.6885	自然生态（C1）	0.0695	0.2115	0.1697
			原始荒野（C2）	0.1314	0.3998	0.2777
			山水和谐（C3）	0.1277	0.3887	0.2412
人文美学价值（B2）	0.3503	0.7218	心灵崇拜（C4）	0.1248	0.3562	0.2561
			民俗文化（C5）	0.1355	0.3867	0.2591
			如画艺术（C6）	0.0901	0.2572	0.2066
社会美学价值（B3）	0.3211	0.6985	人居环境（C7）	0.0778	0.2421	0.1851
			美育科普（C8）	0.1133	0.3529	0.2390
			身心健康（C9）	0.1300	0.4050	0.2743

6.2.1.5 景观美学价值认知评估结果

基于综合模糊评估方法设计，可得体制试点区自然美学、人文美学和社会美学价值的模糊综合评估矩阵 R_{B1}，R_{B2}，R_{B3}：

$$R_{B1}=\begin{bmatrix} 0.5427 & 0.3786 & 0.0613 & 0.0175 & 0.0000 \\ 0.3654 & 0.3829 & 0.1729 & 0.0591 & 0.0197 \\ 0.1947 & 0.4989 & 0.2429 & 0.0481 & 0.0153 \end{bmatrix}$$

$$R_{B2}=\begin{bmatrix} 0.3020 & 0.4486 & 0.1904 & 0.0547 & 0.0044 \\ 0.2254 & 0.4617 & 0.0394 & 0.1160 & 0.1575 \\ 0.4289 & 0.4354 & 0.1072 & 0.0197 & 0.0088 \end{bmatrix}$$

$$R_{B3}=\begin{bmatrix} 0.4902 & 0.4114 & 0.0788 & 0.0131 & 0.0066 \\ 0.3217 & 0.4661 & 0.1357 & 0.0591 & 0.0175 \\ 0.3632 & 0.3961 & 0.1554 & 0.0788 & 0.0066 \end{bmatrix}$$

在此基础上，通过模糊矩阵的复合运算得到自然美学、人文美学和社会美学价值的一级模糊评估集 S_{B1}，S_{B2}，S_{B3}，进而构建体制试点区景观美学价值认知评估的二级模糊矩阵：

$$R_B=\begin{bmatrix} S_{B1} \\ S_{B2} \\ S_{B3} \end{bmatrix}=\begin{bmatrix} 0.3366 & 0.4271 & 0.1765 & 0.0460 & 0.0138 \\ 0.3050 & 0.4503 & 0.1106 & 0.0694 & 0.0647 \\ 0.3793 & 0.4245 & 0.1299 & 0.0559 & 0.0104 \end{bmatrix}$$

最后，进行社区居民景观美学价值认知的模糊矩阵复合运算，得到模糊综合评估集：

$$S_B = K_B*R_B = (0.3392\ \ 0.4344\ \ 0.1384\ \ 0.0574\ \ 0.0306)$$

由表6-9可知，参照模糊综合评估集中最大值所对评分集评语，根据模糊分析法中的最大隶属度原则认为：社区居民对景观美学价值认知评估为中等偏上水平（3.99）。

表6-9　社区居民的景观美学价值认知评估

目标层	得分（分）	准则层	评估得分（分）	指标层	得分（分）
景观美学价值（A）	3.99	自然美学价值（B1）	4.03	自然生态（C1）	4.45
				原始荒野（C2）	4.02
				山水和谐（C3）	3.80
		人文美学价值（B2）	3.86	心灵崇拜（C4）	3.99
				民俗文化（C5）	3.48
				如画艺术（C6）	4.26
		社会美学价值（B3）	4.11	人居环境（C7）	4.36
				美育科普（C8）	4.00
				身心健康（C9）	4.03

6.2.2　管理人员对国家公园景观美学的价值认知

6.2.2.1　人口统计学特征

受访管理人员的人口统计数据如表 6-10 所示。

在性别方面，受访男性管理人员数量（67.57%）高于女性（32.43%）。在年龄方面，受访管理人员年龄以 26～40 岁为主，人数占样本总数的 41.89%；41~55 岁的受访管理人员也相对较多，占样本总数的 27.03%；56 岁及以上、25 岁及以下的受访管理人员较少，分别占样本总数的 16.22% 和 14.86%。在受教育程度方面，受访管理人员一半以上具有本科及以上学历，共 38 人，占样本总数的 51.35%，这些管理人员主要来自国家公园管理局与各乡镇政府部门；大专学历的受访者占样本总数的 18.92%；高中和中专学历的受访者占样本总数的 16.22%；初中及以下的受访者占样本总数的 13.51%。在职业类型方面，公务员和事业单位人员 54 人，占样本总数的 72.97%；乡村干部 20 人，占样本总数的 27.03%。在年均收入方面，受访管理人员年均收入以 6 万 ~15 万元居多，占样本总数的 47.30%；其次是 16 万 ~30 万元收入的受访者，占样本总数的 25.68%；年均收入在 3 万 ~5 万元的受访管理人员数量占样本总数的 13.51%；年均收入在 2 万元及以下和 31 万元及以上的受访者数量相对较少，分别占样本总数的 9.46% 和 4.05%。在当地居住年限方面，5 年及以下的受访者和 21 年及

表6-10 受访管理人员人口统计

人口特征		数量（人）	比例（%）
性别	男	50	67.57
	女	24	32.43
年龄	25岁及以下	11	14.86
	26~40岁	31	41.89
	41~55岁	20	27.03
	56~70岁	12	16.22
受教育程度	初中及以下	10	13.51
	高中/中专	12	16.22
	大专	14	18.92
	本科及以上	38	51.35
职业类型	公务员/事业单位人员	54	72.97
	村干部	20	27.03
年均收入	2万元及以下	7	9.46
	3万~5万元	10	13.51
	6万~15万元	35	47.30
	16万~30万元	19	25.68
	31万元及以上	3	4.05
当地居住年限	5年及以下	33	44.59
	6~20年	8	10.81
	21年及以上	33	44.59

以上的受访者人数均占样本总数的 44.59%，还有少部分受访者在当地居住年限在 6~20 年，占样本总数的 10.81%。

6.2.2.2 管理人员景观美学价值认知

由图 6-7 可知，受访管理人员对于体制试点区景观美学价值的认知程度普遍较高，其中，自然生态、人居环境、美育科普和身心健康美学价值的认知程度达到 90% 以上，自然生态美学价值高达 95.94%。除上述美学价值外，原

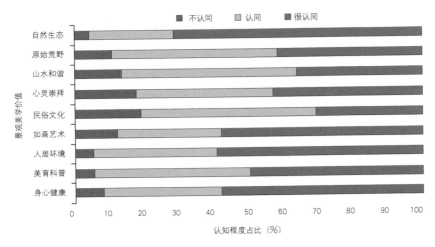

图6-7　管理人员对美学价值的认知程度占比

始荒野、山水和谐、心灵崇拜、民俗文化和如画艺术等美学价值的认知程度也都达到80%以上。强烈认同自然生态美学价值的人数超过样本总数的70%。受访管理人员对心灵崇拜和民俗文化美学价值的不认同程度占比最高，分别为17.57%和18.92%。

　　根据受访管理人员对体制试点区各项美学价值的认知得分情况进行统计分析，美学价值认知得分排序：自然生态美学价值（2.68）＞人居环境美学价值（2.54）＞身心健康美学价值（2.50）＞如画艺术美学价值（2.46）＞美育科普美学价值（2.45）＞原始荒野美学价值＞（2.31）＞心灵崇拜美学价值（2.26）＞山水和谐美学价值（2.23）＞民俗文化美学价值（2.12）。山水和谐和民俗文化美学价值的认知得分最低，山水和谐美学价值体现的是生态系统的和谐之美、人与自然和谐之美，这在一定程度上说明管理人员认为体制试点区还未统筹好山水林田湖草等多个生态系统的景观美学元素。此外，民俗文化作为认知得分最低的景观美学价值指标，说明体制试点区有关生态保护的乡规民约、习俗传统和非物质文化遗产等挖掘力度还不足。

6.2.2.3 人口特征对景观美学价值认知的影响

根据表 6-11 可知，除当地居住年限以外，其余人口统计特征都会显著影响受访管理人员对体制试点区景观美学价值的认知。其中，性别显著影响了受访管理人员对自然生态、民俗文化和身心健康等美学价值的认知；年龄显著影响了民俗文化美学价值的认知；受教育程度显著影响了管理人员对山水和谐美学价值的认知；职业类型显著影响了管理人员对如画艺术和民俗文化等美学价值的认知；年均收入显著影响了管理人员对如画艺术和身心健康等美学价值的认知。

价值认知的差异主要表现：女性管理人员普遍比男性对景观美学价值的认知程度更高；41 岁及以上的管理人员比 40 岁及以下的管理人员对民俗文化美学价值的认知程度更高；初中及以下受教育程度的受访管理人员对山水和谐美学价值认知程度高于受过高等教育的受访者；村干部比公务员和事业单位人员对如画艺术、人居环境等美学价值的认知程度更高；年均收入为 3 万 ~5 万元的管理人员对于如画艺术和身心健康美学价值的认知程度更高。

6.2.2.4 景观美学价值的重要性认知

采用熵值法对景观美学价值评估指标的权重进行计算，如表 6-12 所示。其中，自然美学价值的认知权重为 0.3069，人文美学价值的认知权重为 0.4288，社会美学价值的认知权重为 0.2643。就各项指标的重要性程度而言，人文美学价值 > 自然美学价值 > 社会美学价值，指数值分别为 0.9720、0.7221 和 0.6594。研究表明，在管理人员认知层面，体制试点区景观人文美学价值最重要。

具体来讲，在自然美学价值层面，山水和谐美学价值重要性最强，认知权重为 0.4169；原始荒野美学价值重要性其次，认知权重为 0.3746；自然生态美学价值最弱，认知权重为 0.2085。在人文美学价值层面，心灵崇拜美学价值最为重要，认知权重为 0.3598；其次是民俗文化美学价值，认知权重为 0.3551；如画艺术美学价值重要性最弱，认知权重为 0.2851。在社会美学价值层面，身心健康美学价值重要性最强，认知权重为 0.3698；美育科普美学价值重要性其次，认知权重为 0.3208；人居环境美学价值重要性最弱，认知权重为 0.3094。

表6-11 管理人员人口特征对景观美学价值认知的影响

人口特征		自然美学价值						人文美学价值						社会美学价值					
		自然生态		原始荒野		山水和谐		心灵崇拜		民俗文化		如画艺术		人居环境		美育科普		身心健康	
		均值	F值	均值	F值	均值	F值	均值	F值	均值	F值	均值	F值	均值	F值	均值	F值	均值	F值
性别	男	2.62	7.07**	2.26	0.07	2.18	0.87	2.22	0.22	2.06	9.96***	2.42	0.04	2.52	2.33	2.38	0.17	2.40	4.844**
	女	2.79		2.42		2.33		2.33		2.25		2.54		2.58		2.58		2.71	
年龄	25岁及以下	2.64	0.46	2.55	0.86	2.27	0.22	2.18	0.49	1.73	2.43*	2.09	1.22	2.36	0.44	2.45	1.07	2.27	1.08
	26~40岁	2.68		2.32		2.16		2.16		2.06		2.52		2.58		2.51		2.61	
	41~55岁	2.60		2.15		2.25		2.35		2.40		2.50		2.60		2.50		2.55	
	56~70岁	2.83		2.33		2.33		2.40		2.17		2.58		2.50		2.17		2.33	
受教育程度	初中及以下	2.80	0.29	2.40	0.75	2.70	2.68*	2.70	1.41	2.40	0.60	2.70	1.64	2.90	1.57	2.50	0.96	2.60	0.22
	高中/中专	2.58		2.17		1.92		2.17		2.08		2.75		2.58		2.42		2.58	
	高职/高专	2.64		2.14		2.21		2.21		2.07		2.43		2.43		2.21		2.43	
	本科及以上	2.68		2.39		2.21		2.18		2.08		2.32		2.47		2.53		2.47	
职业类型	公务员/事业单位	2.65	1.12	2.29	0.02	2.22	0.30	2.19	1.48	2.07	0.04	2.37	5.606**	2.48	6.057**	2.48	0.66	2.46	0.05
	村干部	2.75		2.35		2.25		2.45		2.25		2.70		2.70		2.35		2.60	

（续）

人口特征		自然美学价值						人文美学价值						社会美学价值					
		自然生态		原始荒野		山水和谐		心灵崇拜		民俗文化		如画艺术		人居环境		美育科普		身心健康	
		均值	F值	均值	F值	均值	F值	均值	F值	均值	F值	均值	F值	均值	F值	均值	F值	均值	F值
年均收入	2万元及以下	2.57		2.14		2.57		2.43		2.14		2.29		2.71		2.00		2.14	
	3万~5万元	2.80		2.40		2.10		2.50		2.20		2.80		2.70		2.40		2.70	
	6万~15万元	2.74	0.74	2.37	0.41	2.34	1.71	2.23	0.86	2.17	0.43	2.60	2.431*	2.57	0.82	2.57	1.87	2.69	2.843**
	16万~30万元	2.58		2.26		2.05		2.21		2.05		2.12		2.37		2.47		2.26	
	31万元及以上	2.33		2.00		1.67		1.67		1.67		2.33		2.33		2.00		2.00	
居住年限	5年及以下	2.67		2.36		2.15		2.21		2.00		2.36		2.55		2.55		2.52	
	6~20年	2.63	0.06	2.13	0.42	2.13	0.70	2.25	0.12	2.25	0.90	2.25	1.38	2.25	1.14	2.50	1.07	2.25	0.68
	21年以上	2.70		2.30		2.33		2.30		2.21		2.61		2.61		2.33		2.55	

注：*** 表示显著性水平 1%，** 表示显著性水平 5%，* 表示显著性水平 10%。

表6-12　管理人员美学价值认知的评估指标权重

准则层	权重	指数值	指标层	全局权重	组内权重	指数值
自然美学价值（B1）	0.3069	0.7221	自然生态（C1）	0.0636	0.2085	0.1703
			原始荒野（C2）	0.1155	0.3746	0.2669
			山水和谐（C3）	0.1283	0.4169	0.2850
人文美学价（B2）	0.4288	0.9720	心灵崇拜（C4）	0.1544	0.3598	0.3484
			民俗文化（C5）	0.1518	0.3551	0.3220
			如画艺术（C6）	0.1226	0.2851	0.3015
社会美学价值（B3）	0.2643	0.6594	人居环境（C7）	0.0813	0.3094	0.2065
			美育科普（C8）	0.0849	0.3208	0.2075
			身心健康（C9）	0.0982	0.3698	0.2455

6.2.2.5　景观美学价值认知评估结果

　　基于综合模糊评估方法设计，可得体制试点区自然美学、人文美学和社会美学价值的模糊综合评估矩阵 R_{B1}，R_{B2}，R_{B3}：

$$R_{B1}=\begin{bmatrix} 0.7162 & 0.2432 & 0.0405 & 0.0000 & 0.0000 \\ 0.4189 & 0.4730 & 0.0946 & 0.0135 & 0.0000 \\ 0.3649 & 0.5000 & 0.1081 & 0.0270 & 0.0000 \end{bmatrix}$$

$$R_{B2}=\begin{bmatrix} 0.4323 & 0.2838 & 0.2297 & 0.0541 & 0.0000 \\ 0.2703 & 0.3649 & 0.2162 & 0.0676 & 0.0811 \\ 0.5811 & 0.2973 & 0.0676 & 0.0405 & 0.0135 \end{bmatrix}$$

$$R_{B3}=\begin{bmatrix} 0.5946 & 0.3514 & 0.0541 & 0.0000 & 0.0000 \\ 0.5000 & 0.4459 & 0.0270 & 0.0270 & 0.0000 \\ 0.5811 & 0.3378 & 0.0541 & 0.0135 & 0.0135 \end{bmatrix}$$

　　在此基础上，通过模糊矩阵的复合运算得到自然美学、人文美学和社会美学价值的一级模糊评估集 S_{B1}，S_{B2}，S_{B3}，进而构建景观美学价值认知评估的二级模糊矩阵：

$$R_B = \begin{bmatrix} R_{B1} \\ R_{B2} \\ R_{B3} \end{bmatrix} = \begin{vmatrix} 0.4583 & 0.4364 & 0.0889 & 0.0163 & 0.0000 \\ 0.4172 & 0.3164 & 0.1787 & 0.0550 & 0.0326 \\ 0.5593 & 0.3767 & 0.0454 & 0.0136 & 0.0050 \end{vmatrix}$$

最后，进行管理人员景观美学价值认知的模糊矩阵复合运算，得到模糊综合评估集：

$$S_B = K_B{}^\star R_B = （\,0.4675 \quad 0.3692 \quad 0.1158 \quad 0.0322 \quad 0.0153\,）$$

由表6-13可知，参照模糊综合评估集中最大值所对评分集评语，根据模糊分析法中的最大隶属度原则认为：管理人员对景观美学价值认知评估为较高水平（4.24）。

表6-13　管理人员的景观美学价值认知评估

目标层	得分（分）	准则层	得分（分）	指标层	得分（分）
景观美学价值（A）	4.24	自然美学价值（B1）	4.34	自然生态（C1）	4.68
				原始荒野（C2）	4.30
				山水和谐（C3）	4.20
		人文美学价值（B2）	4.03	心灵崇拜（C4）	4.09
				民俗文化（C5）	3.68
				如画艺术（C6）	4.39
		社会美学价值（B3）	4.47	人居环境（C7）	4.54
				美育科普（C8）	4.42
				身心健康（C9）	4.46

6.2.3 游客对国家公园景观美学的价值认知

6.2.3.1 游客人口统计学特性

受访游客的人口统计数据如表6-14所示。

由表6-14可知，受访游客中的男性人数多于女性，人数占比分别为56.64%和43.36%；各年龄段游客数量分布较均匀，其中，41~55岁游客人数

表6-14 受访游客人口统计

人口特征		数量（人）	比例（%）
性别	男	307	56.64
	女	235	43.36
年龄	25岁及以下	121	22.32
	26~40岁	139	25.65
	41~55岁	153	28.23
	56岁及以上	129	23.80
受教育程度	初中及以下	4	0.74
	高中/中专	237	43.73
	大专/高职	91	16.79
	大学本科	171	31.55
	研究生	39	7.20
职业类型	公务员/事业单位人员	69	12.73
	企业人员	359	66.24
	个体工商户	29	5.35
	学生	68	12.55
	退休/离岗人员/无业	17	3.14
地区来源	浙江省内	129	23.80
	长江三角洲（除浙外）	247	45.57
	其他地区	166	30.63
年均收入	5万元及以下	114	21.03
	6万~15万元	282	52.03
	16万~30万元	115	21.22
	31万元及以上	31	5.72
旅游次数	第一次	354	65.31
	第二次	154	28.41
	第三次及以上	34	6.27
是否被"国家公园"称号吸引而来	是	501	92.44
	不是	41	7.56
旅游目的	休闲度假	464	85.61
	摄影写生	27	4.98
	科研考察	22	4.06
	保健养生	17	3.14
	探亲访友	12	2.21
旅游信息来源	广播/报纸	66	12.18
	微博等网络平台	29	5.35
	亲朋好友	113	20.85
	旅行社	334	61.62

最多，占总样本的 28.23%；受访游客以高中／中专学历为主，人数占总样本43.73%，其次为大学本科和大专／高职，分别占总样本的 31.55% 和 16.79%；受访游客职业类型以企业员工为主，人数占总样本的 66.24%；游客主要来自长江三角洲地区，其中，浙江省内的受访游客占样本的 23.80%，其他长江三角洲地区游客占总样本的 45.57%；受访游客年均收入以 6 万 ~15 万元居多，人数占总样本的 52.03%，其次是 5 万元及以下和 16 万 ~30 万元收入群体，人数分别占总样本的 21.03% 和 21.22%；超过 65% 的受访游客是第一次来体制试点区，28.41% 的游客是第二次来体制试点区，超过三次的游客人数比较少，仅占总样本的 6.27%；受访游客中超过 90% 的人是被"国家公园"称号吸引而来；受访游客来此旅行的目的以休闲度假为主，人数占总样本的 85.61%；受访游客大多是从旅行社与亲朋好友那里了解到体制试点区，人数占比分别为 61.62% 和20.85%。

6.2.3.2 游客对景观美学价值的认知

由图 6-8 可知，受访游客对于体制试点区景观美学价值的认知存在较大差异。自然生态、人居环境、美育科普和身心健康等美学价值的认知程度均达到90% 以上；如画艺术和山水和谐等美学价值的认知程度达到 80%，人数分别占样本总数 89.12% 和 85.60%；原始荒野和民俗文化美学价值的认知程度达 70%

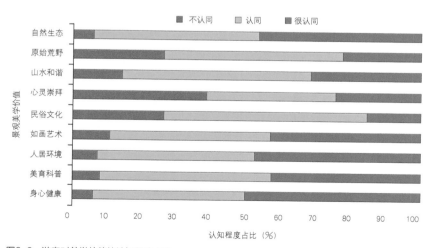

图6-8　游客对美学价值的认知程度占比

以上，人数分别占样本总数 73.80% 和 73.61%；心灵崇拜美学价值的认知程度超过 60%，人数占样本总数 61.62%。超过 50% 以上的受访游客强烈认为体制试点区具备身心健康美学价值，40% 以上受访游客强烈认为体制试点区具备自然生态、如画艺术、人居环境和美育科普等美学价值。

根据受访游客对体制试点区各项美学价值的认知情况进行统计分析，美学价值认知得分排序：身心健康美学价值（2.44）> 自然生态 / 人居环境美学价值（2.40）> 美育科普美学价值（2.35）> 如画艺术美学价值（2.32）> 山水和谐美学价值（2.17）> 原始荒野美学价值（1.96）> 民俗文化美学价值（1.89）> 心灵崇拜美学价值（1.86）。身心健康美学价值的认知得分最高，这与钱江源国家公园体制试点区负氧离子浓度高、空气质量好，能满足人们追求健康美好生活、回归自然怀抱的客观要求有关。心灵崇拜美学价值认知得分最低，这说明对于短暂来钱江源旅游的游客来说，对体制试点区深厚的生态文化和历史传统认知比较有限。

6.2.3.3 人口特征对景观美学价值认知的影响

根据表 6-15 可知，除性别以外，其他人口统计特征都会显著影响受访游客对体制试点区景观美学价值的认知；年龄与受教育程度显著影响了美育科普美学价值认知；职业类型显著影响了游客对自然生态美学价值的认知；年均收入显著影响了原始荒野、山水和谐和民俗文化等美学价值认知；地区来源显著影响了游客对自然生态、原始荒野、山水和谐等美学价值的认知；旅游次数显著影响了原始荒野、心灵崇拜和民俗文化等美学价值认知；"国家公园"称号吸引力显著影响了自然生态、民俗文化、人居环境、美育科普和身心健康美学价值的认知；旅游目的显著影响了自然生态美学价值认知；旅游信息来源显著影响了原始荒野美学价值认知。

价值认知的差异主要表现：25 岁以下青少年受访游客对美育科普美学价值认知程度最高，其次是 41 岁以上中年群体；受过高等教育的游客比初中及以下群体对于美育科普美学认知程度更高；职业类型为公务员与事业单位的游客对于自然美学价值认知程度最高，学生群体对于自然美学价值认知程度最低；年收入 31 万元以上游客对原始荒野、山水和谐和民俗文化美学价值的认知程度更高，5 万元及以下收入游客对上述美学价值认知程度普遍偏低；来自浙江

表6-15 游客人口特征对景观美学价值认知值的影响

人口特征		自然美学价值						人文美学价值						社会美学价值					
		自然生态		原始荒野		山水和谐		心灵崇拜		民俗文化		如画艺术		人居环境		美育科普		身心健康	
		均值	F值	均值	F值	均值	F值	均值	F值	均值	F值	均值	F值	均值	F值	均值	F值	均值	F值
性别	男	2.45	0.37	1.98	0.03	2.18	0.00	1.90	0.23	1.92	0.34	2.31	3.68	2.40	0.40	2.35	0.33	2.46	0.09
	女	2.34		1.93		2.17		1.81		1.86		2.34		2.40		2.34		2.43	
年龄	25岁及以下	2.38	0.12	1.93	0.17	2.13	0.66	1.86	0.03	1.84	1.50	2.32	0.36	2.46	1.16	2.45	2.33*	2.46	0.25
	26~40岁	2.42		1.99		2.24		1.85		1.95		2.28		2.45		2.24		2.45	
	41-55岁	2.42		1.96		2.15		1.88		1.83		2.32		2.35		2.37		2.45	
	56岁及以上	2.40		1.97		2.17		1.85		1.94		2.36		2.36		2.35		2.40	
受教育程度	初中及以下	2.50	1.65	2.00	0.63	1.75	0.90	1.50	1.15	1.75	1.07	2.25	0.15	2.25	0.35	1.50	2.64**	2.50	0.29
	高中/中专	2.33		2.03		2.17		1.78		1.91		2.33		2.38		2.33		2.46	
	高职/大专	2.34		1.91		2.10		1.82		1.95		2.29		2.41		2.45		2.38	
	大学本科	2.46		1.93		2.21		1.93		1.84		2.34		2.43		2.35		2.45	
	研究生	2.49		1.95		2.18		1.90		2.03		2.28		2.33		2.28		2.49	

（续）

人口特征		自然美学价值						人文美学价值						社会美学价值					
		自然生态		原始荒野		山水和谐		心灵崇拜		民俗文化		如画艺术		人居环境		美育科普		身心健康	
		均值	F值	均值	F值	均值	F值	均值	F值	均值	F值	均值	F值	均值	F值	均值	F值	均值	F值
职业类型	公务员事业单位人员	2.59		2.14		2.25		1.91		1.94		2.35		2.35		2.38		2.41	
	企业职工	2.40		1.95		2.17		1.86		1.88		2.32		2.41		2.33		2.44	
	个体工商户	2.38	2.69**	1.93	1.92	2.07	1.24	1.90	0.45	1.93	0.20	2.45	0.89	2.34	0.32	2.28	0.40	2.41	0.89
	学生	2.26		1.82		2.09		1.82		1.87		2.21		2.46		2.41		2.46	
	退休离岗/无业人员	2.41		2.00		2.41		1.65		1.94		2.41		2.41		2.41		2.71	
年均收入	5万元及以下	2.28		1.82		2.10		1.77		1.85		2.29		2.40		2.38		2.39	
	6万~15万元	2.44		2.00		2.18		1.84		1.84		2.33		2.42		2.32		2.44	
	16万~30万元	2.43	2.03	1.96	2.58*	2.16	2.89**	2.00	1.793	1.97	4.06***	2.33	0.13	2.36	0.276	2.40	0.56	2.48	0.414
	31万元及以上	2.45		2.16		2.48		1.84		2.23		2.35		2.42		2.32		2.48	
地区来源	浙江省	2.53		2.09		2.30		1.95		1.91		1.98		2.42		2.36		2.42	
	长三角	2.35	3.72**	1.95	3.10**	2.17	4.07**	1.86	1.47	1.92	0.56	1.97	0.64	2.40	0.11	2.34	0.06	2.45	0.14
	其他	2.39		1.89		2.08		1.79		1.85		1.95		2.39		2.35		2.45	

（续）

人口特征		自然美学价值								人文美学价值							社会美学价值			
		自然生态		原始荒野		山水和谐		心灵崇拜		民俗文化		如画艺术		人居环境		美育科普		身心健康	
		均值	F值	均值	F值	均值	F值	均值	F值	均值	F值	均值	F值	均值	F值	均值	F值	均值	F值
旅游次数	1次	2.39		1.92		2.14		1.78		1.85		2.31		2.38		2.34		2.46	
	2次	2.44	0.42	1.99	3.97***	2.23	1.48	1.96	7.27***	1.95	2.66*	2.34	0.26	2.38	4.36**	2.34	0.40	2.39	0.83
	3次及以上	2.38		2.26		2.26		2.24		2.06		2.38		2.71		2.44		2.47	
是否被"国家公园"称号吸引而来	"是"吸引来	2.43		1.98		2.20		1.90		1.90		2.34		2.43		2.37		2.47	
	"不是"吸引来	2.07	3.33***	1.68	0.93	1.83	0.44	1.41	2.14	1.41	3.67*	2.07	0.03	2.02	9.99***	2.05	4.27***	2.12	4.59**
旅游目的	休闲度假	2.43		1.96		2.18		1.84		1.89		2.33		2.42		2.37		2.47	
	摄影写生	2.19		2.04		2.19		2.00		1.81		2.37		2.22		2.30		2.22	
	科研考察	2.50	2.72**	2.00	0.16	2.14	1.05	2.14	1.79	2.05	0.85	2.27	0.48	2.36	0.79	2.23	0.95	2.23	2.77**
	保健养生	2.18		1.88		1.88		1.65		1.76		2.12		2.29		2.18		2.18	
	探亲访友	2.08		1.92		2.33		2.17		2.08		2.33		2.42		2.17		2.50	
游客信息来源	广播/报纸	2.42		1.97		2.14		1.83		1.86		2.29		2.27		2.26		2.30	
	网络平台	2.37	1.58	1.95	3.68**	2.18	0.26	1.85	1.64	1.89	0.21	2.37	1.66	2.43	1.33	2.38	1.03	2.48	1.77
	亲朋好友	2.50		2.09		2.20		1.96		1.91		2.26		2.40		2.32		2.41	
	旅行社	2.31		1.62		2.10		1.62		1.97		2.14		2.34		2.28		2.45	

注：*** 表示显著性水平1%，** 表示显著性水平5%，* 表示显著性水平10%。

省的游客对山水和谐美学价值认知程度最高，其他长江三角洲地区美学价值认知程度其次，这反映出东部地理格局和山水文化对美学价值的影响；游览次数越多，对原始荒野、心灵崇拜、民俗文化和人居环境等美学价值的认知程度越高；被"国家公园"称号吸引来的游客比不知道"国家公园"的游客，对自然生态、民俗文化、人居环境、美育科普和身心健康等美学价值的认知程度更高；以科研考察作为参观目的的游客对自然生态美学价值认知程度最高；以探亲访友和休闲度假为目的的游客对身心健康美认知程度更高；通过亲朋好友了解到钱江源国家公园的游客相比其他渠道，对原始荒野美学价值认知程度更高。

6.2.3.4 景观美学价值的重要性认知

采用熵值法对美学价值评估指标的权重进行计算，结果如表 6–16 所示。其中，自然美学价值的认知权重为 0.3298，人文美学价值的认知权重为 0.4289，社会美学价值的认知权重为 0.2412。就各项指标的重要性而言，人文美学价值＞自然美学价值＞社会美学价值，指数值分别是 0.8473、0.7032 和 0.5780。研究表明，在游客认知层面，体制试点区景观人文美学价值最重要，同时也反映出，游客看重国家公园给他们在内在精神与艺术文化方面带来的裨益。

具体来讲，在自然美学价值层面，原始荒野美学价值重要性最强，认知权重为 0.4431；山水和谐美学价值其次，认知权重为 0.3288；自然生态美学价值

表6-16 游客美学价值认知的评估指标权重

准则层	权重	指数值	指标层	全局权重	组内权重	指数值
自然美学价值（B1）	0.3298	0.7032	自然生态（C1）	0.0752	0.2281	0.1809
			原始荒野（C2）	0.1461	0.4431	0.2866
			山水和谐（C3）	0.1084	0.3288	0.2357
人文美学价值（B2）	0.4289	0.8473	心灵崇拜（C4）	0.1987	0.4632	0.3695
			民俗文化（C5）	0.1321	0.3081	0.2501
			如画艺术（C6）	0.0981	0.2287	0.2277
社会美学价值（B3）	0.2412	0.5780	人居环境（C7）	0.0815	0.3379	0.1958
			美育科普（C8）	0.0848	0.3515	0.1992
			身心健康（C9）	0.0749	0.3105	0.1830

最弱，认知权重为 0.2281。在人文美学价值层面，心灵崇拜美学价值重要性最强，认知权重为 0.4632；民俗文化美学价值重要性其次，认知权重为 0.3081；如画艺术美学价值重要性最弱，认知权重为 0.2287。在社会美学价值层面，美育科普美学价值重要性最强，认知权重为 0.3515；人居环境美学价值重要性其次，认知权重为 0.3379；身心健康美学价值重要性最弱，认知权重为 0.3105。

6.2.3.5 景观美学价值认知评估结果

基于综合模糊评估方法设计，可得体制试点区自然美学、人文美学和社会美学价值的模糊综合评估矩阵 R_{B1}，R_{B2}，R_{B3}：

$$R_{B1}=\begin{bmatrix} 0.4649 & 0.4742 & 0.0554 & 0.0055 & 0.0000 \\ 0.2232 & 0.5148 & 0.2288 & 0.0295 & 0.0037 \\ 0.3137 & 0.5387 & 0.1273 & 0.0166 & 0.0000 \end{bmatrix}$$

$$R_{B2}=\begin{bmatrix} 0.2509 & 0.4483 & 0.2472 & 0.0535 & 0.0000 \\ 0.1587 & 0.6107 & 0.0959 & 0.1273 & 0.0074 \\ 0.4299 & 0.4613 & 0.0812 & 0.0258 & 0.0018 \end{bmatrix}$$

$$R_{B3}=\begin{bmatrix} 0.4760 & 0.4502 & 0.0590 & 0.0148 & 0.0000 \\ 0.4299 & 0.4889 & 0.0664 & 0.0148 & 0.0000 \\ 0.5037 & 0.4354 & 0.0535 & 0.0074 & 0.0000 \end{bmatrix}$$

在此基础上，通过模糊矩阵的复合运算得到自然美学、人文美学和社会美学价值的一级模糊评估集 S_{B1}，S_{B2}，S_{B3}，进而构建景观美学价值认知评估的二级模糊矩阵：

$$R_B=\begin{bmatrix} S_{B1} \\ S_{B2} \\ S_{B3} \end{bmatrix}=\begin{bmatrix} 0.3093 & 0.5134 & 0.1559 & 0.0198 & 0.0016 \\ 0.2634 & 0.5013 & 0.1626 & 0.0699 & 0.0027 \\ 0.4684 & 0.4592 & 0.0599 & 0.0125 & 0.0000 \end{bmatrix}$$

最后，进行管理人员景观美学价值认知的模糊矩阵复合运算，得到模糊综合评估集：

$$S_B = K_B{}^*R_B = (\ 0.3280\quad 0.4951\quad 0.1356\quad 0.0395\quad 0.0017\ )$$

由表 6-17 可知，参照模糊综合评估集中最大值对评分集评语，根据模糊分析法中的最大隶属度原则认为：游客对景观美学价值认知评估为较高水平（4.11）。

表6-17　游客的景观美学价值认知评估

目标层	得分	准则层	得分	指标层	得分
景观美学价值（A）	4.11	自然美学价值（B1）	4.11	自然生态（C1）	4.40
				原始荒野（C2）	3.92
				山水和谐（C3）	4.16
		人文美学价值（B2）	3.95	心灵崇拜（C4）	3.90
				民俗文化（C5）	3.79
				如画艺术（C6）	4.29
		社会美学价值（B3）	4.38	人居环境（C7）	4.39
				美育科普（C8）	4.33
				身心健康（C9）	4.44

6.2.4　国家公园景观美学价值评估及影响因素

6.2.4.1　群体划分

由于社区居民与管理人员都属于体制试点区所在开化县的本地人员，根据研究需要，作为景观美学价值评估的内部群体；本研究所调研的游客均来自开化县以外地区，根据研究需要，作为景观美学价值评估的外部群体。内部群体和外部群体的调查样本统计如表 6-18 所示，其中，内部群体支付率为70.06%，外部群体支付率为79.15%。体制试点区景观美学价值主要由内部价值与外部价值组成。

表6-18　内部群体和外部群体的样本统计

群体组成	愿意支付（人）	拒绝支付（人）	有效样本（人）	支付总额（元）	支付率（%）
内部群体	372	159	531	52055	70.06
外部群体	429	113	542	43005	79.15
总计	801	272	1073	95060	74.65

6.2.4.2 支付意愿分析

（1）内部群体的样本统计

通过对内部群体人口特征分析，得到表6-19。在性别特征方面，男性群体支付意愿高于女性群体，这可能因为男性在家庭处于关键地位，经济支出权限更大。在年龄方面，25岁及以下群体参与保护协会并缴纳会费意愿最高，这

表6-19 内部群体人口特征与愿意支付的比例

人口特征		支付样本数量（人）	支付率（%）
性别	男	201	71.79
	女	171	68.13
年龄	25岁及以下	22	91.67
	26~40岁	70	79.55
	41~55岁	154	76.24
	56~70岁	90	56.25
	71岁及以上	36	53.73
受教育程度	初中及以下	252	66.67
	高中/中专	57	74.03
	高职/大专	28	80.00
	本科及以上	35	85.37
职业	务农	179	62.59
	个体经营	74	79.57
	公务/事业单位/村干部	62	83.78
	企业员工	49	70.00
	学生	8	100.00
年均收入	2万元及以下	113	57.95
	3万~5万元	132	75.86
	6万~15万元	88	75.21
	16万~30万元	33	94.29
	31万元及以上	6	60.00

个年龄层的受访者文化程度普遍较高，对新鲜事物的接受能力强，与外界交流的机会也多；71 岁及以上的受访者支付意愿最低，该年龄段人群基本丧失了劳动力，这直接影响了参与保护协会并缴纳会费的意愿。在受教育程度方面，受过高等教育的受访者支付意愿高于未受过高等教育的受访者。在职业方面，学生、公务员和事业单位人员、村干部等受访群体支付意愿整体最高，职业为务农的受访者支付意愿最低。在年均收入方面，16 万 ~30 万元受访群体支付意愿最高，2 万元及以下受访者群体支付意愿最低。

根据假想市场"大美钱江源——国家公园景观保护与恢复示范公益项目"构建，对愿意参与生态保护公益协会并缴纳会费的 372 名内部群体进行有关支付原因的分析，如图 6-9 所示，9.14% 的受访者表示愿意加入协会并缴纳会费的原因是因为政府组织要求；19.09% 受访者表示是因为别人加入，自己才选择加入；48.92% 受访者表示是为了改善生态环境，才加入生态保护公益协会；22.85% 受访者表示是为了更好地繁荣乡村文化，才加入协会并愿意缴纳会费。

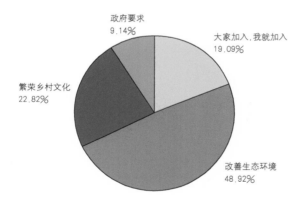

图6-9　内部群体支付意愿原因

（2）外部群体样本统计

通过对外部群体的人口特征分析，得到表 6-20。在性别特征方面，男性受访者支付意愿略高于女性，支付率分别为 79.48% 和 78.72%，这与体制试点区内部群体样本人口统计结果一致。在年龄方面，56~70 岁受访人群支付意愿最高，支付率为 84.50%，这个年龄层经济收入稳定，收入普遍较高；25 岁及以下受访者支付意愿最低，支付率为 69.42%，该年龄段的受访者多是还在就读的大学生或是刚刚就业群体，收入普遍不高。在受教育程度方面，本科及以上受访者的支付意愿最高，这类受访者对景观美学价值具备一定了解，能清楚认识到国家公园美学价值重要性。在职业方面，个体经营者支付意愿最高，学生群体支付意愿最低，支付率分别为 89.66% 和 61.76%。在年均收入方面，年收入在 16 万 ~30 万元的受访者支付意愿最高，支付率为 89.57%，2 万元及以下、3 万 ~5 万元、51 万元及以上的受访者支付意愿较低，支付率分别为 65.22%、62.22% 和 57.14%。

表6-20　外部群体人口特征与愿意支付的比例

人口特征		支付样本数量（人）	支付率（%）
性别	男	244	79.48
	女	185	78.72
年龄	25岁及以下	84	69.42
	26~40岁	114	82.01
	41~55岁	122	79.74
	56~70岁	109	84.50
受教育程度	初中及以下	1	25.00
	高中/中专	129	75.44
	高职/大专	71	78.02
	本科及以上	227	82.25
职业	个体经营	26	89.66
	公务/事业单位/村干部	60	86.96
	企业员工	301	80.05
	学生	42	61.76
年均收入	2万元及以下	45	65.22
	3万~5万元	28	62.22
	6万~15万元	229	81.21
	16万~30万元	103	89.57
	31万~50万元	20	83.33
	51万元及以上	4	57.14

根据假想市场"大美钱江源——国家公园景观保护与恢复示范公益项目"构建，对愿意参与生态保护公益协会并缴纳会费的 429 名外部群体人员进行有关支付原因分析，如图 6-10 所示。5.59% 的外部受访者表示愿意加入生态保护协会并支付会费的原因是因为政府组织要求；10.72% 居民表示是因为别人加入，自己才选择加入；79.95% 外部受访者表示为了改善生态环境，才加入生态保护协会；3.73% 外部受访者表示为了更好地繁荣乡村文化才加入生态保护协会。

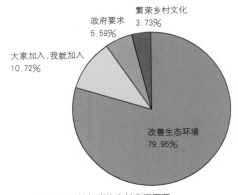

图6-10　外部群体支付意愿原因

6.2.4.3 零支付意愿分析

在内部群体方面，对 159 位受访者不愿意加入协会并缴纳会费的原因进行统计分析，结果如图 6-11a 所示，67.92% 内部受访者是由于本身收入低，才不愿加入保护公益协会并支付会费；6.29% 内部受访者认为由于本身不受益，不愿意加入协会；4.40% 内部受访者是因为对此事不关心，所以不愿意加入保护协会；16.35% 内部受访者认为该公益项目应由政府负责，相关资金也应由财政支付，所以不愿意加入公益协会；5.03% 内部受访者是因为其他原因不愿意加入协会，通过深度访谈得知主要是他们认为该公益项目意义较小。

在外部群体方面，对 113 位受访者不愿意支付原因进行统计，结果如图 6-11b 所示，24.78% 外部受访者认为由于本身收入低，才不愿加入保护协会并缴纳会费；7.96% 外部受访者认为本身不受益，因此不愿意加入协会；5.54% 外部受访者是因为对此事不关心，所以不愿意加入保护协会；59.29% 外部受访者认为公益项目应由政府负责，相关资金由财政支付，所以不愿意加入协会；3.54% 的外部受访者是因为其他原因不愿意加入协会。

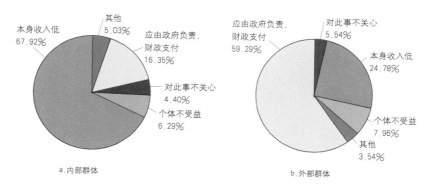

图6-11　不愿意支付愿意

6.2.4.4 美学价值评估

体制试点区景观美学价值通过条件价值法（CVM）进行支付意愿总值的估算而获得，参考内部群体和外部群体支付意愿差异，内部价值是开化县本地人员对景观美学价值的总支付意愿（WTP），采用体制试点区内部社区居民与开化县管理人员的支付值综合起来进行计算；而外部价值主要是指体制试点区创造的旅游价值，即外部游客对景观美学价值的总 WTP。

（1）内部价值

根据社区居民和管理人员的支付情况，共计 531 人，有支付意愿的共372 人，总支付率为 70.06%。据此，得到体制试点区内部群体的支付意愿分布，如表 6-21 所示。正支付意愿的数学平均值可通过离散变量的数学期望公式得到。

表6-21　内部群体的支付意愿分布

每年支付意愿 （元）	数量 （人）	正支付意愿频率 （%）	正支付意愿累计频率 （%）	支付意愿总频率 （%）	累计频率 （%）
0.00	159			29.94	29.94
5.00	11	2.96	2.96	2.07	32.02
15.00	170	45.70	48.66	32.02	64.03
50.00	8	2.15	50.81	1.51	65.54
150.00	167	44.89	95.70	31.45	96.99
1500.00	16	4.30	100.00	3.01	100.00
合计	531	100.00		100.00	

经计算 $E（WTP）_{正}$ = 98.03 元／（年·人），由于调查样本中有零支付意愿，精确的平均支付意愿需要经过一定的计量经济学处理，经过 Spike 模型（Kritrm，1997）调整：

$$E（WTP）_{非负} = E（WTP）_{正} \times （1 - 29.94\%） = 68.68 元（年·人）$$

（2）外部价值

根据外部群体的支付情况，共计 542 人，有支付意愿的共 429 人，总支付率为 79.15%。据此，得到体制试点区外部人群的支付意愿分布如表 6-22 所示。

表6-22 外部群体的支付意愿分布

每年支付意愿	数量（人）	正支付意愿频率（%）	正支付意愿累计频率（%）	支付意愿总频率（%）	累计频率（%）
0.00	113			20.80	20.85
5.00	15	3.50	3.50	2.80	23.62
15.00	142	33.10	36.60	26.20	49.82
150.00	241	56.20	92.77	44.50	94.28
1500.00	31	7.20	100.00	5.70	100.00
合计	542	100.00		100.00	

经计算：$E（WTP）_{正}$ = 156.56 元／（年·人）；$E（WTP）_{非负}$ = 123.92 元（年·人）。

（3）总支付意愿

依据 2020 年开化县县域人口数（360600 人）和总旅游人数（1202400 人），计算得出：

钱江源国家公园体制试点区景观美学价值 = 内部价值 + 外部价值

= 内部群体人均 WTP 值 × 开化县域人口总数 × 总支付率 + 外部群体人均 WTP 值 × 总旅游人数 × 总支付率

= 68.68 元（年·人）× 360600 人 × 70.06% + 123.92（年·人）× 1202400 人 × 79.15%

= 17351065.20 元 + 117934614.43 元 ≈ 1.35 亿元

综上，2020 年钱江源国家公园体制试点区景观美学价值约为 1.35 亿元。

6.2.4.5 景观美学价值评估的影响因素分析

采用二元 logistic 回归模型，对影响体制试点区景观美学价值评估的主要因素进行分析，回归结果表明，当模型中只有常数项而无自变量时，正确预测百分率达到 74.70%，这时回归系数为 1.080，显著性 $p=0.000$，Wals 值为 236.863。进而对单变量进行分析，采用得分检验方法，检验每个自变量与因变量之间有无关系。结果如表 6-23 所示，在 5% 的显著水平下，年龄（X2）、受

表6-23　自变量得分检验

代码	得分	显著性	代码	得分	显著性
X1	0.919	0.338	X21	11.724	0.001
X2	9.796	0.002	X22	6.375	0.012
X3	18.650	0.000	X23	3.748	0.053
X4	20.864	0.000	X24	0.044	0.834
X5	29.985	0.000		32.785	0.000
X6	3.894	0.048	X25	0.488	0.485
X7	9.915	0.002		12.004	0.001
X8	5.900	0.015		11.921	0.003
X9	3.394	0.065	X26	0.024	0.877
X10	40.541	0.000		2.452	0.117
X11	0.368	0.544		43.060	0.000
X12	7.728	0.005	X27	0.177	0.674
X13	23.638	0.000		31.161	0.000
X14	0.061	0.804		52.472	0.000
X15	1.141	0.285	X28	15.997	0.000
X16	0.363	0.547		9.534	0.002
X17	2.828	0.093		58.914	0.000
X18	0.218	0.640	X29	0.042	0.837
X19	12.370	0.000		26.429	0.000
X20	11.724	0.001			

教育程度——受过高等教育（X3）、受教育程度——受过义务教育（X4）、职业类别——务农（X5）、职业类型——个体经营（X6）、职业类别——公务/事业单位人员/村干部（X7）、职业类别——企业员工（X8）、年均收入——2万元及以下（X10）、年均收入——6万~15万元（X12）、年均收入——16万~30万元（X13）等10个人口因素变量，居住地——齐溪镇（X19）、居住地——县城（X20）、工作地点——县域（X21）、工作地点——浙江（X22）等4个环境因素变量，自然风景态度（X25）、生态环境态度（X26）、环保意识态度（X27）、生态文化态度（X28）、美学功能态度（X29）等5个态度因素变量都与因变量显著相关，具有统计学意义。

Hosmer–Lemeshow 拟合优度检验得到检验 p 值为 0.493，$p>0.05$ 接受 0 假设，模型能很好拟合数据。通过比较观测值与期望值，观测值与期望值大致相同，较直观地证明该模型拟合度较好。此外，模型的预测结果正确率达到 78.8%，表明预测效果较好。

最终具体回归系数结果，如表 6–24 所示。个体经营与公务员、事业单位人员和村干部职业类型的显著性分别为 $p=0.015$、$p=0.049$，$p<0.05$，在 5% 的显著水平下通过检验，估计值 Exp（B）为 3.274 和 2.496，表示职业类型为个体经营者受访者的支付意愿是其他职业类型的 3.274 倍，职业类型为公务员/事业单位人员和村干部的受访者支付意愿是其他职业类型的 2.496 倍。16万~30万年均收入的显著性 $p=0.039$，$p<0.05$，估计值 Exp（B）为 6.398，表明年均收入在 16万~30万元区间的受访者支付意愿是其他收入群体的 6.398 倍。居住地——长虹乡的显著性 $p=0.024$，$p<0.05$，估计值 Exp（B）为 0.420，表明居住在长虹乡的人支付意愿是居住在其他地方的 0.420 倍。自然风景态度、环保意识态度、生态文化态度、美学功能态度均在 1%、5% 的显著水平下通过检验，认为自然风景中等和高等的人群的支付意愿分别是认为自然风景低等的 2.134 倍和 2.773 倍；环保意识中等和高等的人群支付意愿是环保意识低等的 1.868 倍和 2.802 倍；生态文化态度一般和较高的人群支付意愿是生态文化感知较低人群的 2.046 倍和 2.192 倍；美学功能感知程度中等的人群支付意愿是感知程度低人群的 2.218 倍。

表6-24　logistic回归结果

自变量	代码	B	S.E.	Wals	df	Sig.	Exp（B）
性别	X1	0.062	0.160	0.147	1	0.701	1.063
年龄	X2	-0.007	0.007	1.003	1	0.317	0.993
受教育程度——受过高等教育	X3	0.315	0.218	2.087	1	0.149	1.370
受教育程度——受过义务教育	X4	-0.273	0.298	0.839	1	0.360	0.761
职业类别——务农	X5	0.406	0.462	0.772	1	0.380	1.501
职业类型——个体经营	X6	1.186	0.489	5.877	1	0.015	3.274
职业类别——公务事业村干	X7	0.915	0.464	3.880	1	0.049	2.496
职业类别——企业	X8	0.388	0.389	0.992	1	0.319	1.474
年均收入——2万元及以下	X10	0.406	0.884	0.211	1	0.646	1.500
年均收入——3万~5万元	X11	0.709	0.882	0.646	1	0.422	2.032
年均收入——6万~15万元	X12	0.958	0.863	1.232	1	0.267	2.606
年均收入——16万~30万元	X13	1.856	0.899	4.259	1	0.039	6.398
年均收入——31万~50万元	X14	0.967	0.955	1.026	1	0.311	2.630
居住地——苏庄镇	X16	0.164	0.391	0.177	1	0.674	1.179
居住地——长虹乡	X17	-0.867	0.383	5.121	1	0.024	0.420
居住地——何田乡	X18	0.325	0.415	0.616	1	0.433	1.384
居住地——齐溪镇	X19	-0.390	0.395	0.978	1	0.323	0.677
工作地点——浙江	X22	0.273	0.329	0.689	1	0.407	1.314
工作地点——长江三角洲	X23	0.125	0.263	0.226	1	0.634	1.133
自然风景态度	X25			10.445	2	0.005	
自然风景态度（1）		0.758	0.312	5.888	1	0.015	2.134
自然风景态度（2）		1.020	0.319	10.235	1	0.001	2.773
生态环境态度	X26			5.847	2	0.054	
生态环境态度（1）		0.015	0.310	0.002	1	0.961	1.015
生态环境态度（2）		-0.411	0.322	1.630	1	0.202	0.663
环保意识态度	X27			23.115	2	0.000	
环保意识态度（1）		0.625	0.193	10.497	1	0.001	1.868
环保意识态度（2）		1.030	0.219	22.111	1	0.000	2.802
生态文化态度	X28			19.046	2	0.000	
生态文化态度（1）		0.716	0.175	16.671	1	0.000	2.046
生态文化态度（2）		0.785	0.249	9.959	1	0.002	2.192
美学功能态度	X29			9.733	2	0.008	
美学功能态度（1）		0.433	0.225	3.703	1	0.054	1.542
美学功能态度（2）		0.797	0.257	9.624	1	0.002	2.218
常量		-2.060	1.052	3.837	1	0.050	0.127

6.3 讨论与分析

6.3.1 不同利益主体的景观美学价值认知

在社区居民层面，自然生态和人居环境美学价值认知程度最高，民俗文化美学价值认知程度最低。受访居民由于大多在体制试点区内生活超过 20 年，他们的生产生活已经与体制试点区紧密联系在一起，因此，他们更加强调体制试点区景观在自然生态和人居环境等方面的美学价值，这与 Ridding 等（2018）、彭婉婷等（2019）、俞飞（2019）的相关研究结果一致。根据结构化访谈的结果也可知，受访居民年龄整体偏大，年轻群体大多前往杭州和上海等周边城市工作，社区常住居民以中老年群体为主，生态环境质量和社区绿化美化等内在需求引发的自然生态和人居环境等美学价值都更为他们所关注。在管理人员层面，美学价值认知呈现出与社区居民趋同的表现，也是自然生态和人居环境美学价值认知程度最高，民俗文化美学价值认知程度最低。本次调研的管理人员以当地国家公园管理局、乡镇政府和村干部为主，他们普遍认为体制试点区在推进生态保护和社会经济发展方面具有双重作用，不会从生态保护角度片面地看待国家公园管理问题，这可能是管理人员与社区居民美学价值认知趋同的重要原因。在游客层面，身心健康美学价值认知程度最高，心灵崇拜美学价值认知程度最低，这说明美学价值认知与游客旅行目的这二者之间存在重要联系。游客作为外部群体，他们的美学价值认知充分体现了他们来此旅游的目的，因为体制试点区森林环境优美、负氧离子浓度高，很多游客来此开展森林康复、疗养、休闲等一系列有益人类身心健康的活动，这是他们对于身心健康美学价值认知程度最高的重要原因。已有研究表明，身心健康属于容易被人们所感知的生态系统文化服务功能，而心灵崇拜等内涵丰富的文化服务需要经过长时间感知才能完成内容解译，这导致了外部游客群体对此类价值认知普遍较低（Ridding et al., 2018；俞飞和李智勇，2019）。因此，对于外部群体来说，体制试点区不同类型景观美学价值认知程度的高低，在某种程度上可能与价值被感知的难易程度有关。

6.3.2 景观美学价值的重要性与认知评估

通过价值指标的权重分析得知，三类利益主体在准则层（B1、B2、B3）方面表现出较强的一致性，人文美学价值的重要性认知均最高，自然美学价值其次，社会美学价值的重要性认知最低。在指标层（C1~C9）方面，则表现出一定的主体差异性，社会居民认为民俗文化、原始荒野和身心健康等美学价值最为重要；管理人员认为心灵崇拜、民俗文化和山水和谐美学价值最为重要；游客认为心灵崇拜、原始荒野和民俗文化美学价值最为重要。多个利益主体都认为民俗文化和心灵崇拜等美学价值很重要，但是结合上述价值的认知程度研究可知，体制试点区对于传统美学文化价值的挖掘力度还十分不足，需要结合不同区位功能和美学文化资源分布开展更为深入的研究和实践，这与肖练练（2018）针对钱江源国家公园体制试点区开展的游憩利用适宜性评估结果相一致。

根据美学价值认知的综合模糊评估发现，管理人员在三类利益主体中价值认知评估最高，游客其次，社区居民评估最低。管理人员作为体制试点区政策的重要制定者和执行者、社区居民作为体制试点政策的重要受益者，体现出不同主体利益需求对景观美学价值认知评估的驱动作用。此外，已有研究认为（王保忠等，2006），美学价值评估需要一定的专业知识，这也是美国林务局 VMS 等传统景观美学评估多属于"专家学派"的原因，为此，本研究特意调研了非核心利益主体的专家群体，并采用了统一的研究方法，以便将评估结果与社区居民、游客、管理人员等核心利益主体进行比较。为了保证专家主体的代表性，本研究重点对在体制试点区开展过研究工作的专家进行调研，例如，浙江钱江源森林生态系统国家定位观测研究站、浙江农林大学、华东师范大学等单位专家，有效问卷数量 71 份。根据综合模糊评估结果，专家利益主体对于体制试点区美学价值认知的综合评估分值为 3.92，低于居民、管理人员和游客等核心利益主体。其中，人文美学价值（3.16）远低于自然美学价值（4.18）与社会美学价值（4.30）。这与俞飞（2020）以专家群体为对象，研究天目山森林文化价值评估结果相一致，说明人文内涵丰富的美学价值不易被人们所感知。这在一定程度上证明了与体现社会属性和物理属性的美学价值相比，人文美学体现了更高的精神需求，其审美认知构建是个长期的过程，这与 Han 等（2020）的研究结论相一致。此外，根据马斯洛需求层次理论以及 Han 等（2020）有关研究，主体认知水平的综合指数得分越高，一定程度上代表了实现这类主体利益需求的难度就越大，从这一层面来说，不管是社区居民和管理人员等内部群体，还是游客等外部群体，对于体制试点区美学价值的需求都普遍较高，这说明体制试点区应在美学文化方面加强建设力度。

6.3.3 景观美学价值评估与影响因素分析

通过 CVM 方法对体制试点区景观美学价值进行研究分析发现，以游客为代表的外部群体支付意愿高于内部群体，主要有两方面原因：一方面，外部游客群体主要来自长江三角洲地区，经济社会发展较快，人们的生活水平普遍要比开化县县城居民与农村居民高；另一方面，外来群体样本的文化水平比内部群体整体偏高，他们对景观美学价值的内涵和重要性更加了解。同时，本研究从人口、环境、态度等方面分析了影响支付意愿的主要原因发现，人口因素对美学价值支付意愿的影响主要表现在职业类型与收入水平方面，环境因素对美学价值支付意愿的影响主要体现在居住地方面，态度因素对美学价值支付意愿的影响主要体现在自然风景态度、环保意识态度、生态文化态度和美学功能态度等方面。职业类型与年收入水平本身存在较强相关性，整体来看，中等偏上的薪资收入水平更能意识到国家公园的景观美学价值，并愿意支付一定费用。长虹乡居民支付意愿最低，结合前文视觉和听觉美学质量评估分析，长虹乡的感官美学质量在四个行政管理区中均最低，长虹乡的美学资源条件与居民收入可能是影响支付意愿的重要原因。

6.4 小　结

从社区居民、管理人员和游客三类利益主体层面出发，对钱江源国家公园体制试点区景观美学价值认知进行分析，并评估了内部与外部群体的美学价值，得到主要结论如下。

① 三类利益主体均认为体制试点区具有自然美学价值、人文美学价值与社会美学价值，但不同主体对景观美学价值认知存在一定差异，这主要与他们的

内在利益需求和价值认知难易程度有关。社区居民对自然美学价值认知程度最高，分值为 2.44；对山水和谐美学价值认知程度最低，分值为 1.89。管理人员对自然生态美学价值认知程度最高，分值为 2.68；对民俗文化美学价值认知程度最低，分值为 2.12。游客对身心健康美学价值认知程度最高，分值为 2.44；对心灵崇拜美学价值认知程度最低，分值为 1.86。

② 不同人口特征对景观美学价值认知存在显著影响。在社区居民层面，职业为务农的居民对美学价值认知程度普遍较低；在管理人员层面，村干部比公务员和事业单位人员对如画艺术美学价值、人居环境美学价值认知程度更高；在游客层面，游览次数越多，对原始荒野、心灵崇拜、民俗文化和人居环境等美学价值的认知程度越高，以科研考察作为目的的游客对自然生态美学价值认知程度最高。

③ 在景观美学价值的重要性认知方面，三类利益主体都认为人文美学价值最重要，自然美学价值其次，社会美学价值重要性最低。在具体价值指标方面，三类主体表现出一定的差异性，社区居民认为民俗文化美学价值最为重要，管理人员和游客认为心灵崇拜美学价值最重要。基于不同美学价值的重要性认知，社区居民、管理人员和游客对体制试点区景观美学价值认知的综合评估得分分别为 3.99 分、4.24 分和 4.11 分，认知评估整体较高。其中，管理人员评估最高、社区居民评估最低。

④ 2020 年钱江源国家公园体制试点区景观美学价值为 1.35 亿元。其中，内部价值 0.17 亿元、外部价值 1.18 亿元。通过对美学价值支付意愿影响因素分析发现，态度因素比人口和环境因素对美学价值支付意愿影响更大。中等收入受访者的美学价值支付意愿最高，长虹乡居民美学价值支付意愿最低，自然风景、环保意识、生态文化和美学功能等认知态度均对支付意愿具有显著影响。

7 | 国家公园景观美学服务功能区划与优化策略

　　将物理感知、心理认知和自然要素融入国家公园管理过程，能更好地帮助决策者理解公众感受和意见。本章在对体制试点区景观空间格局进行现状分析基础上，运用图层叠加和千层饼等空间分析方法，将人的感知和认知要素应用到体制试点区空间层面，为国家公园体制试点改革完成后的功能优化与资源经营决策提供支撑。

7.1 研究方法

7.1.1 格局分析方法

7.1.1.1 数据来源

　　选定 2020 年为时间节点，所用土地利用遥感监测分类数据为中国科学院遥感与数字地球研究所提供的覆盖体制试点区的 1∶10 万比例尺土地利用现状遥感数据集。以 2020 年 Landsat TM/ETM+ 30m 空间分辨率遥感影像为主要数据源，通过人工目视解译生成。

7.1.1.2 景观分类

　　体制试点区景观空间分类如表 7–1 所示。

　　依据研究目的和体制试点区土地利用现状，参照 2007 年和 2017 年《土地利用现状分类》等国家标准，最终将体制试点区景观类型划分为森林景观、水域景观、农田景观、建筑景观和草地景观 5 类。

表7-1 体制试点区景观空间分类

序号	景观类型	描述
1	森林景观	有林地、灌木林地、疏林地与其他林地
2	水域景观	河渠、湖泊、水库坑塘、滩地等天然陆地水域和水利设施用地
3	农田景观	灌溉水田、水浇地、旱地、菜地、田坎、晒谷场、畜禽饲养地、设施农业用地等
4	建筑景观	农村居民点及其以外的工矿、交通用地
5	草地景观	高覆盖度草地、中覆盖度草地、低覆盖度草地

7.1.1.3 景观格局指数选择

体制试点区景观空间格局采用景观指数方法进行研究（表7-2）。景观指数能反映景观空间配置和格局特征，是景观空间定量分析的常用方法之一，由斑块水平、类型斑块水平和景观水平3个层次组成。

表7-2 景观格局指数及其生态学意义

指数	缩写	单位	生态学意义	应用类型
斑块数量	NP	无	表征景观破碎化程度	类型/景观
斑块密度	PD	PD/km^2	表征景观破碎化程度	类型/景观
最大斑块指数	LPI	%	表征景观破碎化、异质性和人类干扰的强弱	类型/景观
平均斑块面积	MPS	hm^2	表征景观优势度	类型/景观
边缘密度	ED	m/hm^2	表征斑块的边界效应	类型/景观
景观形状指数	LSI	无	表征景观形状复杂程度	类型/景观
连接度指数	COHENSION	无	表征斑块间连通性	类型/景观
聚合度	AI	无	表征斑块间的聚集程度	类型/景观
多样性指数	SHDI	无	表征景观异质性、破碎程度和景观丰富度	景观

景观指数经过多年发展，已涵盖破碎化、边缘特征、空间形状和多样性等多种表征内容，指数种类较多，但部分指数之间存在一定相关性（齐伟等，2009），因此，本文按照能够表征生态功能、指数间冗余度低、能反映研究区

格局特征的原则，选取了斑块数量、斑块密度、景观形状指数、边缘密度指数、连接度指数、多样性指数表征整体景观水平；选取了斑块数量、平均斑块面积、最大斑块指数、斑块密度、边缘密度、聚合度表征斑块类型水平，使用Fragstats 4.0 软件进行格局分析。

7.1.2 叠加技术与千层饼模式

叠加技术（overlay technique）起源于 19 世纪末的"景观实质"技术方法，最早由查尔斯·艾络特（Charles Eliot）及其团队开发，也常被称为"手绘叠加栅格法"（hand-draw sieve mapping overlays）。该技术最大优点是方便专家将地形测绘、资源分布、植被覆盖等元素进行叠加分析，当前已被广泛应用在地理空间分析、国土空间规划、景观规划和空间设计等领域（鲁苗，2019），是系统记录、分析和评估景观资源并进行空间实践应用最有力的方法之一。20 世纪初期，通过沃伦·曼宁（Warren Manning）、菲利普·刘易斯（Philips H Lewis）等专家学者的推动，叠加技术开始在美国各类景观规划和管理领域推广发展。在 20 世纪中后期，美国景观学领域专家伊恩·麦克哈格（Ian Lennox McHarg）将叠加技术与景观格局分析、土地适应性评估等方法进行融合，并在此基础上，提出了千层饼模式（图 7-1）。千层饼模式能将调研获得的各类自然资源和社会经济数据，通过图层分类、汇编等手段进行元素叠加，并绘制形成规划方案，对于规划方案制定、功能布局以及资源评估具有重要作用。

叠加技术与千层饼模式为系统记录景观美学资源提供了新的思维模式，有利于将抽象的感知因素、认知因素与空间因素相融合，在土地利用层面实现景观美学和景观生态的元素叠加，为景观功能区划与管理提供指导，并提出更有针对性的美学优化策略。

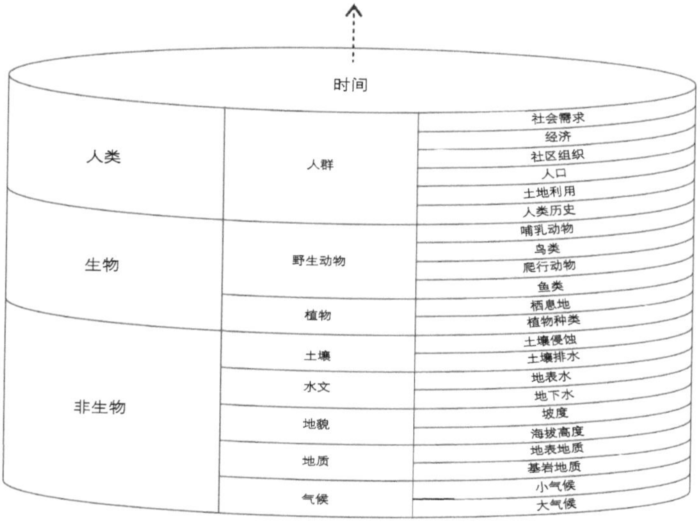

图7-1　麦克哈格提出的千层饼模式
注：根据刘勇和刘东云（2003）文献改绘。

7.2　研究结果

7.2.1　国家公园景观类型组成

　　钱江源国家公园体制试点区主要由森林景观、农田景观、草地景观、水域景观和建筑景观组成。由表 7-3 可知，森林景观是体制试点区的主体景观，面积接近体制试点区总面积的 90%，根据现场调查，结合孙孝平等（2019）相关研究成果可知，森林景观以阔叶林为主，属于体制试点区的主要植被，针叶林与针阔混交林也占有较大面积。农田景观是钱江源国家公园体制试点区面积占比第二的景观，占体制试点区总面积的 7.18%，以水田为主。水域、草地和建筑景观面积占比非常低，其中，草地景观占体制试点区总面积的 1.99%，水域景观占体制试点区总面积的 0.57%，建筑景观占体制试点区总面积的 0.36%。

　　从分布特征来看，森林景观占据了钱江源国家公园体制试点区的绝大部分区域，草地景观与农田景观分布零散，整体以中部区域居多；水域景观主要分布在体制试点区东北部和中部地区，以东北部齐溪水库区域居多；建筑景观分布零散，主要分布在低海拔的农村居民点一带（图 7-2）。

表7-3　体制试点区景观空间组成

景观类型	森林景观	农田景观	草地景观	水域景观	建筑景观
面积（hm²）	22617.18	1806.21	501.21	142.20	89.82
比例（%）	89.90	7.18	1.99	0.57	0.36

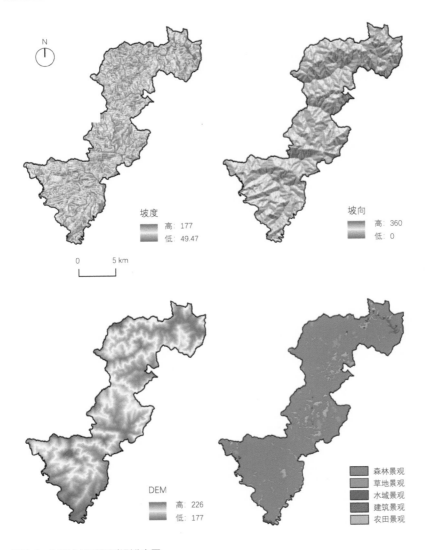

图7-2　体制试点区景观类型分布图

7.2.2 国家公园景观格局特征

7.2.2.1 类型水平特征

选取 6 个斑块类型景观格局指数（NP、MPS、LPI、PD、ED、AI）对钱江源国家公园体制试点区 2020 年 5 种景观进行分析，以此来描述体制试点区类型特征指标状况。

由表 7-4 可知，森林景观面积为 22617.18hm²，平均斑块面积（869.89hm²）与最大斑块指数（87.80%）均是体制试点区景观类型中最大，说明森林景观的优势度明显；边缘密度指数为 15.03m/hm²、聚合度指数为 98.45，说明森林景观边界效应明显，斑块间的聚集程度较高。农田景观面积为 1806.21hm²，但斑块数量（99 块）比森林景观（26 块）多出将近 4 倍，斑块密度（0.39 块/km²）也是所有景观类型中最大，这说明农田景观破碎化程度非常高，受到人为干扰影响很大。草地景观面积为 501.21hm²，聚合度指数为 90.26，仅次于面积最大的森林景观，这说明草地景观斑块比较紧密。水域景观面积为 142.2hm²，斑块数量（4 块）最少、斑块密度（0.05 块/km²）最低。建筑景观面积为 89.82hm²，平均斑块面积（5.99hm²）与最大斑块面积（0.13%）最小，说明优势度较低，同时，边缘密度指数（0.73m/hm²）与聚合度指数（86.18）最低，说明建筑景观边界效应不明显、斑块分散。

综合以上几个因素可知，森林景观是体制试点区的优势景观类型，决定了钱江源国家公园体制试点区的区域景观特征。而且森林景观破碎化程度比较低、边缘密度和聚合度指数又都较高，这说明森林景观受到的自然或是人为干扰整

表7-4 斑块类型水平景观格局特征

景观类型	景观格局指数					
	NP	MPS（hm²）	LPI（%）	PD	ED（m/hm²）	AI
森林景观	26	869.89	87.80	0.10	15.03	98.45
农田景观	99	18.24	0.60	0.39	11.68	87.35
草地景观	34	14.74	0.31	0.14	2.68	90.26
水域景观	4	35.55	0.50	0.05	0.99	89.19
建筑景观	15	5.99	0.13	0.06	0.73	86.18

体较小。农田作为钱江源国家公园体制试点区景观面积第二的景观类型，斑块数量和斑块密度与其他类型景观表现出较大的区别，景观破碎化程度非常高，受到人为干扰影响较大，说明体制试点区农业生产强度较大。

7.2.2.2 景观水平特征

选取 6 个景观水平格局指数（NP、PD、LSI、ED、COHENSION、SHDI），从破碎度、边缘效应、连通性和多样性等 4 个方面对体制试点区 2020 年景观格局进行分析。景观水平格局特征如表7-5所示，空间分布如图7-3所示。

表7-5　景观水平格局特征

景观格局指数					
NP	PD	LSI	ED（m/hm²）	COHENSION	SHDI
178	0.71	9.00	15.56	99.80	0.41

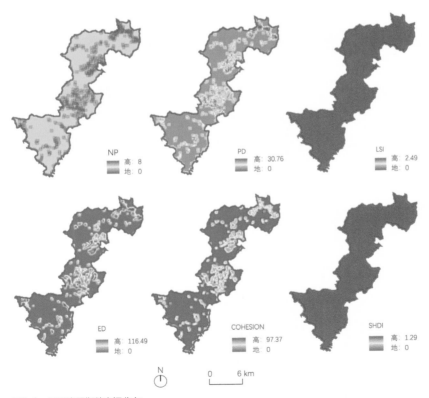

图7-3　景观格局指数空间分布

采用斑块数量和斑块密度来表征体制试点区景观格局的破碎程度，指数值分别为 178 块和 0.71 块 /km²，主要分布在中部和北部地区，说明中部地区破碎化程度较高、北部其次，而南部区域因为是古田山国家级自然保护区所在，所以破碎化程度整体较低。

采用景观形状指数和边缘密度来表征体制试点区景观格局边缘效应，指数值分别为 9.00 和 15.56m/hm²，体制试点区景观形状指数在空间分布上没有差异性，边缘密度大的景观则主要分布在中部地区，说明钱江源国家公园体制试点区景观空间形状比较复杂，中部地区最为复杂、不规则。

采用连接度指数来表征体制试点区景观连通性，指数值为 99.80，空间分布以中部和北部地区为主，说明中部和北部地区景观连通性较强，景观斑块间结合程度更好。

采用香农（Shannon）多样性指数表征体制试点区景观多样性，指数值为0.41，整体偏高，说明了钱江源国家公园体制试点区内的景观多样性和景观异质性较高。

已有研究表明，景观格局指数除了蕴含生态学意义，也能在某种程度上反映美学特征（角媛梅等，2006；欧阳勋志等，2005；周年兴等，2012）。边缘密度可作为反映斑块自然发展趋势的指标，边缘密度越大，斑块密度越小，景观美学价值越高（周年兴等，2012）。景观形状指数反映了斑块的整体形状，一般认为弯曲多变的斑块形状能给人视觉上活力、动感、活泼的感觉。连接度指数反映了优势景观类型的连接程度，研究表明，连接度指数较高，可以形成壮阔的美学特征（李若凝，2013）。多样性指数则反映了景观类型的多样性，多样性指数越高，表明景观空间形态越多样，此外，景观的多样性状态也在一定程度上有利于景观的稳定，使景观演变更趋向动态稳定（赵玉涛等，2002）。由此可知，钱江源国家公园体制试点区森林景观占据了优势地位，且连接成片，展现了森林美为主的景观属性，形成了规模宏大的美学特色，能激发审美主体的感知震撼。同时，体制试点区景观多样性较高，缓解了规模宏大美学特征造成的景观单调性，另外，景观边界效应的发挥，共同促使钱江源国家公园体制试点区景观形成了"雄""奇""秀""奥"等多种美学特征。

7.2.3 国家公园景观美学服务空间分布

　　根据体制试点区景观美学视觉感知、听觉感知以及居民美学价值认知空间分布，通过感知和认知数据标准化处理，将物理感知因子和心理认知因子进行加权求和，并运用图层叠加和千层饼模式等技术方法，得到基于感知认知的体制试点区景观美学空间分布图。其中，因子权重采用专家咨询法确定，综合考虑钱江源国家公园体制试点区美学资源现状，最终确定视觉感知因子权重为0.33，听觉感知因子权重为0.22，认知因子权重为0.45。

　　由图7-4可知，基于感知认知的体制试点区景观美学空间整体呈现出组团状的分布特征，原古田山自然保护区区域与钱江源国家森林公园东部地区美学价值最高、中部区域美学价值其次。根据7.2.1与7.2.2章节内容分析可知，古田山自然保护区森林覆盖率高，景观完整性强，景观类型以大规模森林景观为主。钱江源国家森林公园东部地区拥有体制试点区范围内最大面积的水域景观（齐溪水库），该区域还作为体制试点区的重要出入口，经过多年体制试点建设，营造了众多具有美学价值的景观空间节点，并基于现有交通道路进行了两侧森林景观绿化提升，景观类型以水域景观与森林景观组合搭配为主。中部区域多种景观类型共存，景观的人文内涵十分丰富，分布有远近闻名的高田古村落、霞

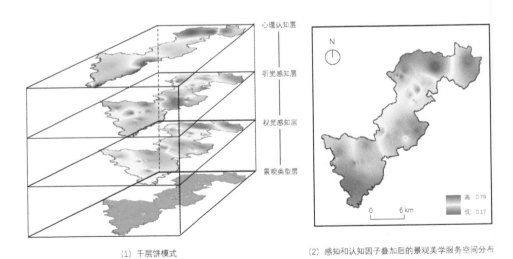

（1）千层饼模式　　　　　　　　（2）感知和认知因子叠加后的景观美学服务空间分布

图7-4　融入感知认知因素的景观美学空间分布

川名木古树群、暗夜公园、红色旅游基地等游憩体验景点，农林经济产业也相对发达，景观类型以农田、建筑、森林、水域以及文化景观为主，具有人与自然和谐共生、山水林田湖草系统治理的美学特征。

体制试点区西北部景观美学感知与认知较低的原因，主要是该区域建筑景观与森林等自然景观搭配不合理，体制试点区范围内主要的特许经营项目，尤其农家乐等旅游项目主要分布在该区域，但是结合现场实地调研发现，该区域新建建筑带有明显的欧式特征，在传统山水格局中显得格格不入，现代设计风格过于突出，缺少地域特色。此外，农家乐等项目建设缺乏统一规划，建筑景观与森林景观没有形成很好的融合。

7.2.4 国家公园景观美学服务功能区划

根据钱江源国家公园体制试点区总体规划（2016—2025），体制试点区主要包括核心保护区、生态保育区、游憩展示区和传统利用区等4个功能区。2020年自然资源部、国家林业和草原局联合发布了功能区调整政策，要求优化调整国家公园、自然保护区等保护地的功能区数量和相应管控要求，国家公园和自然保护区的功能区由过去"四区"和"三区"变为"两区"。目前，多数国家公园体制试点区还在进行功能区布局调整，正式的调整方案还未向社会公布。本研究通过对钱江源国家公园管理局的实地调研，并结合景观美学评估分析，将感知、认知和资源要素进行空间叠加，整合落到图上，再根据这些因素重叠情况进行归并，基于未来功能区调整提出景观美学功能区划方案。

调整后的体制试点区功能分区主要分为核心保护区和一般控制区。其中，核心保护区保护等级最高，实行最严格的保护；一般控制区则是在生态保护前提下，兼有科研、教育和游憩等功能。因此，本研究的重点聚焦在一般控制区。一般控制区主要分布在体制试点区东南部、中部以及西北、东北部等区域。根据体制试点区景观美学空间分布，结合功能区划、景观类型和格局特征，本研究将一般控制区分为自然美学功能区、人文美学功能区和社会美学功能区（图7–5）。

自然美学功能区主要分布在体制试点区的东南部，该区域现状是景观美学听觉感知与心理认知评估较高，但视觉感知评估欠佳，而该区域作为原古田山自然保护区的实验区，周边分布着大量低海拔中亚热带常绿阔叶林，是展示

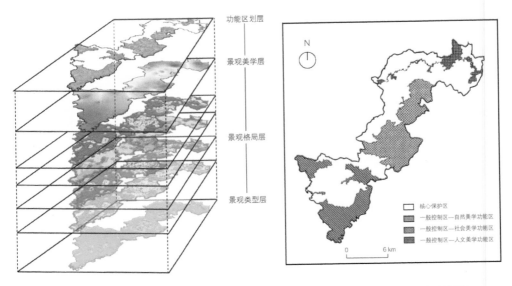

（1）千层饼叠加分析　　　　　　　　（2）体制试点区景观美学服务功能分区

图7-5　景观美学功能区划

钱江源国家公园体制试点区自然美的重要区域，需要加强视觉景观的综合整治，通过一定的森林经营措施，对不合理和不协调的景观进行科学调整与规划。同时，围绕古田山游客中心、体制试点区出入口等关键性空间，打造以自然美学为特色的森林景观节点，提升体制试点区的景观品质，增强国家公园体制试点区景观整体好感度。

　　社会美学功能区主要分布在体制试点区中部，多数区域位于现在"四区"方案中的传统利用区，主要功能是在自然资源和生态环境保护的前提下，促进社区可持续发展。根据物理感知与心理认知评估，该区域景观美学视觉感知评估比心理认知、听觉感知评估更优。结合实地调研发现，农业生产机械声、小贩叫卖声等人工声严重影响了区域景观的听觉感知，此外，考虑到该区域各种交通干道较多，因此，该功能区声景观管理应以控制噪声污染为主，通过营建降噪效果较好的绿化带，降低机械生产、汽车鸣笛等噪声污染，维护体制试点区内声景观的和谐。

　　人文美学功能区主要分布在体制试点区西北部与东北部区域，整体面积较小，是原钱江源国家级森林公园与省级风景名胜区的主要游憩空间。该区域分布有遗址遗迹、古村落、乡村聚落、宗教建筑、宗祠等文化景观，拥有丰富的钱塘江源头文化、森林文化、宗教文化、水文化、茶文化和传统山水文化，并保留着满山唱、凳龙、扛灯、高跷竹马、横中跳马灯、马金扛灯等民俗传统和文化活动。结合感知与认知评估，该区域景观管理的重点是保护、传承和展示钱江源国家公园体制试点区的生态文化，通过景观规划设计的情感化表达，打造自然生态与美学文化复合型的休闲游憩产品，促进景观美学价值转换实现，提升居民、游客等多主体的美学价值认知。

7.2.5 国家公园森林美学优化对策

德国著名林学家柯塔（H. Cotta）曾在 19 世纪出版的《森林经理学》一书中指出："营造森林一半是科学，一半是艺术"，推进美学层次的森林经营管理，对于正确认识人与森林的关系具有重要意义（郑小贤，2001）。Meo 等（2020）以意大利中部某黑松林为例，研究了不同间伐森林经营模式对视觉审美的影响，证明森林资源经营与景观美学之间存在强烈的相关关系。根据景观美学评估和研究区实际状况，本研究提出几点森林美学优化对策。

一是从多感官感知层面，加强风景林经营管理。长期以来，我国风景林的经营管理都是关注人们的视觉审美需求，忽略了其他感官的参与。建议结合体制试点区功能区划，开展有针对性的林相改造，增强林分的多样性和美化作用，适当增加色叶树种和乡土阔叶树种，加强森林景观的意境营造。在体制试点区西北部莲花塘区域，对原有野生高山杜鹃群进行扩种，形成规模千亩的高山杜鹃林植物景观；在体制试点区东北部增加枫香、乌桕、红枫等色叶树种种植，营造枫红秋浓的森林景观意境，打造"五感"特色的植物专类园；在体制试点区中部区域，结合当地社区产业发展，适当扩大毛竹等具有观赏和经济价值的树种种植规模，打造竹海景观。

二是从人体保健功能视角，加强康养林经营管理。森林挥发物、负氧离子等自然因子的保健功能已得到医学研究的证实，森林环境对缓解压力、增强免疫能力、释放焦虑情绪具有重要影响。本研究通过各项美学价值认知分析也发现，游客对体制试点区的身心健康美学价值认知程度最高，森林景观能通过调节感官神经，舒缓游客的精神状态，促使其产生愉悦感，激发情感审美体验。建议依托钱江源国家公园体制试点区丰富的森林资源和便利的交通条件，布局森林康养产业，在体制试点区南部区域，合理规划森林康养基地，营建康养林，配置香樟、水杉、红豆杉、樱花、茶等具有典型抗氧功能的树种植物。

三是优化重点空间的树种及景观植物配置。本研究发现，管理人员和游客等多个群体都对心灵崇拜、民俗文化等内涵丰富的美学价值认知程度较低，作为钱塘江源头区域，国家公园蕴含了较高的森林文化和美学文化价值，但是对于普通大众来说，这些文化价值短时间内难以有效感知。建议在莲花塘、凌云寺等宗教场所，中共浙皖特委旧址等红色教育场所，集贤祠、溥源堂等乡村历史文化场所，配置具有浓厚文化内涵的植物。体制试点区西北区莲花塘区域曾有一座较为壮观的尼姑庵，被称为"莲花福地"，建议在此区域空地上规划宗教树木园，形成宁心灵逸、除喧去躁的禅林景观，附近杉木林也可结合生态修复项目进行适当改造，种植具有佛教内涵、寺庙氛围的植物，如浙江红花油茶、拟赤杨和马银花等。在里秧田等民俗旅游村区域，结合居民住宅建筑特色，在房前屋后种植果树类植物，形成浓郁的乡土气息。在古田山游客服务中心、钱江源游客服务中心等集散区域，加强周边植被梳理，增加色叶树种，适当补植开花类植物。

7.3 小　结

本章利用 2020 年遥感影像数据，分析了钱江源国家公园体制试点区景观类型组成与格局特征，并基于物理感知和心理认知评估，研究了景观美学的空间分布，并在此基础上，针对未来体制试点区功能区政策调整，提出景观美学功能区划与森林美学优化对策，得到主要结论如下。

① 森林景观是钱江源国家公园体制试点区主要景观类型，面积接近体制试点区总面积的 90%。农田景观是体制试点区第二大景观类型，水域、草地和建筑等景观类型的面积整体较小，占比不足总面积的 3%。森林景观作为体制试点区的优势景观类型，破碎化程度较低、边缘效应明显，景观斑块聚集紧密，说明森林景观整体受人为干扰影响较小。农田景观破碎化程度非常高，受到人为干扰影响较大。

② 基于感知和认知的体制试点区景观美学空间整体呈现出组团状的分布特

征，体制试点区东南部（原古田山国家级自然保护区）和西北部（原钱江源国家森林公园东部）美学价值整体较高，中部区域其次。

③ 结合国家公园等自然保护地功能区政策调整，本研究开展了景观美学功能区划分析，将一般控制区分为自然美学功能区、人文美学功能区和社会美学功能区。自然美学功能区的管理重点是加强视觉景观的综合整治；人文美学功能区管理重点是通过生态文化保护，提升多主体美学价值认知；社会美学功能区管理以控制噪声污染为主，重点是声景观美学质量提升。在此基础上，提出森林美学优化对策：从多感官感知层面加强游憩林经营；从促进人体健康角度加强康养林营建；优化重点空间树种配置，在宗教遗迹、红色教育、乡村公共活动等文化场所，加强植物景观营造，适当增加色叶树种和阔叶树种。

8 | 研究结论与展望

8.1 研究结论

　　生态保护是国家公园建设的首要目标，但并非唯一目标。钱江源国家公园体制试点区作为首批设立的十个体制试点区之一，地处经济发达、人口稠密的东部地区，人地矛盾突出。如何将人的感知、认知因素纳入精细化管理决策，"自下而上"地考虑公众景观偏好，推动国家公园"自上而下"顶层设计与"自下而上"公众参与两种制度相结合，是当前国家公园体制试点时期面临的重要现实问题。本研究以钱江源国家公园体制试点区为例，构建了"视觉感知—听觉感知—心理认知"的国家公园景观美学评估框架，从多感官物理感知和多主体心理认知层面，对体制试点区景观美学质量与价值进行定量评估，并通过地理信息系统（GIS）空间分析等技术方法，将物理感知、心理认知和景观空间因子进行叠加分析，提出体制试点区景观美学功能区划与优化策略。

8.1.1 国家公园景观视觉感知行为与美学质量

　　主要结论包括：①采用美景度（SBE）评估、K-均值聚类、ArcGIS空间分析等方法对视觉美学质量进行分析发现，体制试点区景观视觉美学质量处于中高水平，在空间布局上呈现出中部高、南北低的特征。其中，文化景观（SBE=76.33）与游憩展示区景观（SBE=76.84）视觉美学质量最高。②采用眼动追踪技术分析视觉感知行为发现，公众对生态资源禀赋良好的森林景观和观赏性强的文化景观更容易形成视觉行为偏好。其中，森林景观的平均注视时间（231.30ms）最长、平均眼跳速度（104.84°/s）最快、平均眼跳幅度（2.47°）

最大；文化景观的首次注视时间（203.26ms）最长、注视频率（1.49 次 /s）最大、眼跳频率（0.77 次 /s）最大。同时，不同人口特征对景观视觉感知行为存在显著影响，女性与林学专业被试者对森林景观和水域景观美学感知更强；男性与艺术专业被试者则对乡村景观和文化景观感知更强。③采用生理反应测定实验等方法分析景观视觉感知生理变化发现，体制试点区景观会使被试者出现皮肤电导水平下降、呼吸频率增加的生理反应。其中，视觉美学质量最高的文化景观，其呼吸频率变化值最大（0.907 次 /min）；视觉美学质量最低的乡村景观，其呼吸频率变化值最小（0.528 次 /min）。

8.1.2 国家公园声景观听觉感知行为与美学质量

主要结论包括：①采用问卷调查法（5 级量表），对获取的 394 份有效数据进行声景观感知行为分析得知，小贩叫卖声响度最大（3.69）、水声感知频率最频繁（3.78）、鸟鸣声最受当地居民喜欢（4.02）。整体上，体制试点区声景观响度中等（3.07），协调度（3.75）和满意度（3.96）较高。②采用结构方程模型，分析听觉感知行为（响度、频率和喜好度）对感官满意度的影响发现，声景观感知频率和喜好度对声景观满意度具有显著影响，路径系数分别为 0.228 和 0.426，声景观喜好度和声景观满意度对视觉满意度具有显著影响，路径系数分别为 0.305 和 0.174。③引入客观声学参数，通过构建听觉美学质量评估模型得出，响度是影响声景观感知最主要的客观参数，并与主观愉悦度呈现较强的负相关。同时，采用 K–均值聚类法对美学质量进行等级划分发现，体制试点区声景观听觉美学质量整体处于较高水平。其中，虫鸣声听觉美学质量最高（3.86）、交谈声质量最低（2.43）。④通过生理反应测定实验发现，与无声环境相比，聆听不同声景观会出现心率增加、皮肤电导水平下降、呼吸加速的生理反应，并在心率指标上具有显著差异（$p=0.003$），其中，水声心率变化最大（2.45 次 /min）、交谈声最小（0.59 次 /min）。

8.1.3 国家公园景观美学心理认知行为与价值评估

主要结论包括：①采用问卷调查方法（3 级量表），根据获取的 1073 份有效数据，对多主体美学价值认知进行分析发现，在社区居民层面，认知程度最高的美学价值是自然生态（2.44）和人居环境美学价值（2.38），认知程度最低的是山水和谐美学价值（1.89）和民俗文化美学价值（1.91），其中，男性比女性对山水和谐美学价值认知程度更高，青年群体对自然生态、原始荒野和山水和谐等美学价值认知程度更高；在管理人员层面，认知程度最高的是自然生态美学价值（2.68），最低的是民俗文化美学价值（2.12），其中，40岁以上管理人员比40岁以下人员对民俗文化美学价值的认知程度更高；在游客层面，认知程度最高的是身心健康美学价值（2.44），最低的是心灵崇拜美学价值（1.86），其中，25岁及以下和受过高等教育的游客对美育科普美学价值认知程度最高，以科研考察作为目的的游客对自然生态美学价值认知程度最高。②采用熵值法对美学价值认知的重要性进行分析发现，三类利益主体都认为人文美学价值最为重要、自然美学价值其次、社会美学价值最低。同时，采用综合模糊评估法对不同主体景观美学价值认知进行评估发现，管理人员最高、游客其次、社区居民最低。因此，根据最大隶属度原则，体制试点区景观美学的价值认知评估整体较高。③采用条件价值法进行美学价值支付意愿研究发现，2020年体制试点区景观美学价值为1.35亿元，其中，内部价值0.17亿元、外部价值1.18亿元。同时，采用二元logistic回归模型对美学价值支付意愿进行影响因素分析发现，中等收入群体支付意愿最高，态度因素比人口和环境因素对美学价值支付意愿影响更大。

8.1.4 国家公园景观美学服务功能区划与优化策略

主要结论包括：① 通过对2020年遥感影像数据空间分析得知，森林景观是体制试点区主要景观类型，面积是22617.18hm^2，平均斑块面积最大（869.89hm^2）、最大斑块指数最大（87.80%）、边缘密度最大（15.03m/hm^2）、聚合度指数最大（98.45），受人为干扰影响较小。体制试点区景观多样性和景观异质性整体较高，中部地区破碎化程度最高、景观形状最为复杂。② 通过将视觉感知、听觉感知和居民认知等图层数据进行加权叠加分析得知，基于物理感知和心理认知的景观美学空间整体呈现出组团状的分布特征，原古田山自然保护区与钱江源森林公园东部地区美学价值最高、体制试点区中部区域其次。

③结合国家公园功能区政策调整，本研究将一般控制区分为自然美学功能区、人文美学功能区和社会美学功能区。其中，自然美学功能区景观管理重点是加强视觉景观的综合整治，人文美学功能区管理重点是提升美学文化认知；社会美学功能区管理重点是控制噪声污染，提升听觉美学质量。在此基础上，本研究建议从多感官感知层面加强游憩林经营，从促进人体健康角度加强康养林营建，优化重点空间树种配置，在宗教遗迹、红色教育、乡村公共活动等文化场所，加强植物景观营造，适当增加色叶树种和阔叶树种。

8.2 展望与不足

随着当前社会审美文化需求不断高涨，森林景观美学质量也日益受到重视，但相关森林美学研究还是整体偏少，以国家公园为对象开展美学研究则更为稀少。本研究作为国家公园景观美学感知与认知评估的探索性研究，尚存一些不足之处，需要在今后的研究中继续深入分析并加以改进完善。

① 景观视觉美学评估研究大多采用照片样本作为实验材料，这主要是因为操作性强、成本也较低。相关学者也已证明室内实验与野外实验结果具有高度的一致性，但照片数量、拍摄技术等因素仍可能会对景观美学评估造成一定程度的影响。本研究虽然已经采用眼动追踪技术实验进行了客观佐证，但在未来的研究中，景观感知实验可加强与3D、VR等虚拟技术的结合，同时开展多个季节和时间点监测，促进评估结果的准确性。

② 景观美学的视觉、听觉、嗅觉等感官感知以及心理认知之间，具有相互影响和彼此作用的互动关系，本研究也发现听觉感知行为不仅能影响听觉满意度，同时也会对视觉满意度造成影响。在今后的研究中，需要在视听感知交互、多感官（五感）交互、感知与认知关系等方面开展更加深层次的探讨。

③ 森林美学价值评估是森林可持续经营管理中的一大难题，受时间、空间以及审美主体等多重因素的影响。本研究采用条件价值法对美学价值进行评估，并对社区居民、管理人员等内部群体和游客等外部群体开展了1073份大样本社会调研，一定程度上体现出人们真实的支付意愿，但是由于美学价值评估主观属性较强，且条件价值法存在一定误差，因此，未来需要结合森林资源环境经济等相关理论，对美学价值评估方法进行更为系统地探索。

8.3 创新点

① 对国家公园体制试点区首次开展了较为全面的景观美学评估。本研究集成视觉眼动追踪技术、生理反应测定实验、声学参数测定、ArcGIS 空间分析、大样本问卷调查等技术方法，定量评估多类型自然保护地集中的钱江源国家公园体制试点区的景观美学质量与美学价值，丰富和发展了国家公园生态系统原真性与完整性定量评估方法与指标体系。研究结果有利于将深层次美学因素融入自然保护地森林可持续规划与管理。

② 提出国家公园声景观听觉美学质量评估方法。将主观与客观研究相结合，引入响度、尖锐度、粗糙度、波动度等客观声学参数，构建了声景观听觉美学评估模型，建立了听觉主观感受与客观声学参数之间的有效联系。研究结果为客观认识国家公园声景观美学质量和制定精细化、针对性强的管理措施提供了科学依据，为其他类型自然保护地的声景观美学感知评估提供了方法借鉴。

③ 提出兼顾多感官、多主体的景观美学评估方法，探索美学感知认知的尺度转换及空间应用。构建了"视觉感知—听觉感知—心理认知"的美学评估框架，证实了视觉、听觉等多感官以及社区居民、管理人员、游客等多主体美学感知认知受不同因素影响，并在空间上存在差异性。研究结果对权衡国家公园生态系统服务功能、协同生态价值与美学价值具有重要参考价值。

白江迪，刘俊，陈文汇，2019. 基于结构方程模型分析森林生态安全的影响因素 [J]. 生态学报，39(8)：2842-2850.

曹少朋，2019. 从"印第安人的荒野"到"无人居住的荒野"：美国白人荒野观念的转变与黄石国家公园地区印第安人的驱逐 [J]. 鲁东大学学报(哲学社会科学版)，36(4)：26-31.

陈彬，米湘成，方腾，等，2009. 浙江古田山森林：树种及其分布格局 [M]. 北京：中国林业出版社.

陈国雄，2017. 环境美学的理论建构与实践价值研究 [M]. 北京：科学出版社.

陈克安，闫靓，2006. 声景观的主观与客观评价 [C]//. 中国声学学会. 2006 年全国声学学术会议论文集. 北京：中国声学学会：2.

陈玲玲，刘佳雪，曹杨，等，2016. 城市旅游景观美学质量及其与景观格局的关系研究：以南京市为例 [J]. 资源开发与市场 (3)：317-321.

陈盼，阿诺德·伯林特，2006. 生活在景观中：走向一种环境美学 [M]. 陈盼，译. 长沙：湖南科学技术出版社.

陈望衡，2019. 环境美学何为 [J]. 寻根 (6)：114-117.

戴君虎，王焕炯，王红丽，等，2012. 生态系统服务价值评估理论框架与生态补偿实践 [J]. 地理科学进展，31(7)：963-969.

邓红兵，邱莎，郑曦晔，等，2020. 景感评价方法研究 [J]. 生态学报，40(22)：8022-8027.

董建文，翟明普，章志都，等，2009. 福建省山地坡面风景游憩林单因素美景度评价研究 [J]. 北京林业大学学报，31(6)：154-158.

付成双，2013. 美国生态中心主义观念的形成及其影响 [J]. 世界历史，1(1)：28-40.

傅伯杰，田汉勤，陶福禄，等，2020. 全球变化对生态系统服务的影响研究进展 [J]. 中国基础科学，22(3)：25-30.

甘永洪，罗涛，张天海，等，2013. 城乡视听景观的变化及其对认知评价的影响 [J]. 环境科学与技术，36(S1)：347-354.

高吉喜，徐梦佳，邹长新，2019. 中国自然保护地 70 年发展历程与成效 [J]. 中国环境管理，11(4)：25-29.

高科，2019. 荒野观念的转变与美国国家公园的起源 [J]. 美国研究，33(3)：142-160.

郭素玲，2018. 基于眼动的中国东部山岳旅游景观视觉感知与评价初探 [D]. 南京：南京大学.

郭应时，马勇，付锐，等，2012. 汽车驾驶人驾驶经验对注视行为特性的影响 [J]. 交通运输工程学报，12(5)：91-99.

韩震，2014. 中西方核心价值观有何不同 [J]. 求是，2：50-51.

郝泽周，王成，徐心慧，等，2019. 深圳城市森林声景观对人体心理及生理影响分析 [J]. 西北林学院学报，34(3)：231–239.

胡佩佩，戴金国，金江明，等，2016. 汽车座椅水平驱动器声品质客观参量分析 [J]. 噪声与振动控制，36(2)：116–120.

黄清麟，马志波，2015. 美国森林游憩资源调查与评价指南文集 [M]. 北京：中国林业出版社.

黄若愚，2019. 论环境美学与景观美学的联系与区别 [J]. 江苏大学学报（社会科学版），21(4)：84–92.

黄昕珮，2009. 论 " 景观 " 的本质：从概念分裂到内涵统一 [J]. 中国园林，4：26–29.

蒋丹群，徐艳，2015. 土地整治景观美学评价指标体系研究 [J]. 中国农业大学学报，20(4)：224–230.

角媛梅，杨有洁，胡文英，等，2006. 哈尼梯田景观空间格局与美学特征分析 [J]. 地理研究，4：624–632.

景莉萍，廖劢，2021. 英国国家公园内住宅建设管控政策研究 [J]. 北京建筑大学学报，37(3)：43–48.

蓝悦，于炜，杜红玉，等，2015. 杭州西湖风景名胜区古树景观美学评价 [J]. 浙江农业学报，27(7)：1192–1197.

李华，王雨晴，陈飞平，2018. 梅岭国家森林公园声景观的游客调查评价 [J]. 林业科学，54(06)：9–15.

李若凝，2013. 旅游视野下嵩山国家森林公园森林景观结构及其优化 [J]. 中南林业科技大学学报，33(9)：121–125.

李双成，刘金龙，张才玉，等，2011. 生态系统服务研究动态及地理学研究范式 [J]. 地理学报，66(12)：1618–1630.

李学芹，赵宁曦，王春钊，等，2011. 眼动仪应用于校园旅游标志性景观初探：以南京大学北大楼为例 [J]. 江西农业学报，23(6)：148–151.

梁诗捷，2008. 美国保护地体系研究 [D]. 上海：同济大学.

刘承华，2021. 中国传统音乐美学的研究（下）：我的理解、思考与论述路径 [J]. 音乐文化研究，2：35–46.

刘建军，2021. 思维方式差异与中西文化的不同特性 [J]. 上海交通大学学报，29(2)：117–128.

刘尧，张玉钧，张功，等，2017. 基于 AHP 和 CVM 法的生态系统美学价值研究：以青海北山国家森林公园为例 [J]. 林业经济，7：99–106.

刘勇，刘东云，2003. 景观规划方法（模型）的比较研究 [J]. 中国园林，12：36–40.

鲁苗，2019. 环境美学视域下的乡村景观评价研究 [M]. 上海：上海社会科学院出版社.

马彦红，袁青，冷红，2017. 生态系统服务视角下的景观美学服务评价研究综述与启示 [J]. 中国园林，33(6)：99–103.

欧阳勋志，廖为明，俞社保，等，2005. 婺源县森林景观空间格局及其与景观美学质量关系探析 [J]. 江西农业大学学报，27(6)：880–884.

欧阳志云，郑华，2009. 生态系统服务的生态学机制研究进展 [J]. 生态学报，29(11)：6183–6188.

彭婉婷，刘文倩，蔡文博，等，2019. 基于参与式制图的城市保护地生态系统文化服务价值评价：以上海共青森林公园为例 [J]. 应用生态学报，30(2)：1–14.

齐伟，曲衍波，刘洪义，等，2009. 区域代表性景观格局指数筛选与土地利用分区 [J]. 中国土地科学，4(1)：4–10.

石岩，舒歌群，毕凤荣，2011. 车辆排气噪声声音品质的主观评价与模型预测 [J]. 天津大学学报，44(6)：511–515.

史蒂文·布拉萨，2008. 景观美学 [M]. 彭锋，译. 北京：北京大学出版社.

苏常红，傅伯杰，2012. 景观格局与生态过程的关系及其对生态系统服务的影响 [J]. 自然杂志，34(5)：277–283.

孙利天，常羽菲，2021. 实践：中西马哲学会通的理论结点 [J]. 社会科学战线，5：37–42.

孙孝平，李双，余建平，等，2019. 基于土地利用变化情景的生态系统服务价值评估：以钱江源国家公园体制试点区为例 [J]. 生物多样性，27(1)：51–63.

唐福明，2014. 图像拼接中颜色校正及图像融合研究 [D]. 长沙：中南大学.

唐立娜，李竞，邱全毅，等，2020. 景感生态学方法与实践综述 [J]. 生态学报，40(22)：8015–8021.

王保忠，王保明，何平，2006. 景观资源美学评价的理论与方法 [J]. 应用生态学报，17(9)：1733–1739.

王晓健，韩付奇，晏红霞，2021. 传统村落声景观调查与满意度评价模型构建：以肇兴侗寨为例 [J]. 建筑科学，37(2)：56–62.

王樱子，2018. 何以走向听觉文化：听觉的时空突破与审美主体性讨论 [J]. 文化研究，1：17–28.

王玉龙，2018. 山西天峻山森林资源美学价值评估研究 [J]. 林业经济，312(7)：112–115.

王云才，石忆邵，陈田，2009. 传统地域文化景观研究进展与展望 [J]. 同济大学学报（社会科学版），20(1)：18–24+51.

王志芳，彭瑶瑶，徐传语，2019. 生态系统服务权衡研究的实践应用进展及趋势 [J]. 北京大学学报（自然科学版），55(4)：773–781.

魏钰，何思源，雷光春，等，2019. 保护地役权对中国国家公园统一管理的启示：基于美国经验 [J]. 北京林业大学学报（社会科学版），18(1)：70–79.

翁羽西，朱玉洁，董嘉莹，等，2021. 校园绿地声景观对情绪和注意力的影响：以福建农林大学为例 [J]. 中国园林，37(2)：88–93.

吴保光，2009. 美国国家公园体系的起源及其形成 [D]. 厦门：厦门大学.

肖笃宁，李秀珍，2003. 景观生态学的学科前沿与发展战略 [J]. 生态学报，8：1615–1621.

肖练练，2018. 国家公园游憩利用适宜性评价与管理研究：以钱江源国家公园试点区为例 [D]. 北京：中国科学院大学.

肖仁乾，赵晓迪，何友均，等，2019. 国家公园生态资源资产定价机制研究 [J]. 林业经济，41(8)：3–9.

肖时珍，肖华，吴宇辉，2020. 基于 GIS 视域分析的项目建设对世界遗产景观美学价值的影响评价：以武陵源世界自然遗产地为例 [J]. 桂林理工大学学报，40(3)：64–70.

谢高地，张彩霞，张昌顺，等，2015. 中国生态系统服务的价值 [J]. 资源科学，37(9)：1740–1746.

谢高地，张彩霞，张雷明，等，2015. 基于单位面积价值当量因子的生态系统服务价值化方法改进 [J]. 自然资源学报，30(8)：1243–1254.

许晓青，杨锐，彼得·纽曼，等，2016. 国家公园声景研究综述 [J]. 中国园林，7：25–30.

薛富兴，2018. 艾伦·卡尔松环境美学研究 [M]. 合肥：安徽教育出版社.

闫国利，白学军，2004. 广告心理学中的眼动研究和发展趋势 [J]. 心理科学，2：459–461.

杨翠霞，曹福存，林林，等，2017. 大连滨海路海岸带美景度评价研究 [J]. 中国园林，8(429)：65-68.

杨锐，2016. 国家公园与自然保护地研究 [M]. 北京：中国建筑工业出版社 .

俞飞，李智勇，2019. 天目山自然保护区景观尺度美学质量时空变化特征探析 [J]. 中南林业科技大学学报，39(2)：79-85.

俞飞，2019. 基于感知评价的天目山森林景观格局对森林文化价值影响的研究 [D]. 北京：中国林业科学研究院 .

俞孔坚，1998. 景观：文化、生态与感知 [M]. 北京：科学出版社 .

俞孔坚，1988. 自然风景质量评价研究 - BIB-LCJ 审美评判测量法 [J]. 北京林业大学学报，10(2)：1-11.

张朝枝，曹静茵，罗意林，2019. 旅游还是游憩？我国国家公园的公众利用表述方式反思 [J]. 自然资源学报，34(9)：1797-1806.

张东旭，相月，陶绪一，2017. 辽宁地区藏传佛教寺院声景研究 [J]. 建筑科学，33(8)：68-73,82.

张法，2012. 环境 - 景观 - 生态美学的当代意义：从比较美学的角度看美学理论前景 [J]. 郑州大学学报 (哲学社会科学版)，45(5)：5-9.

张宏锋，欧阳志云，郑华，2007. 生态系统服务功能的空间尺度特征 [J]. 生态学杂志，9：1432-1437.

张小晶，陈娟，李巧玉，等，2020. 基于视觉特性的川西亚高山秋季景观林色彩量化及景观美学质量评价 [J]. 应用生态学报，31(1)：49-58.

赵景柱，肖寒，吴刚，2000. 生态系统服务的物质量与价值量评价方法的比较分析 [J]. 应用生态学报，2：290-292.

赵景柱，2013. 关于生态文明建设与评价的理论思考 [J]. 生态学报，33(15)：4552-4555.

赵军，杨凯，刘兰岚，等，2007. 环境与生态系统服务价值的 WTA/WTP 不对称 [J]. 环境科学学报，5：854-860.

赵绍鸿，2009. 森林美学 [M]. 北京：北京大学出版社 .

赵烨，高翅，2018. 英国国家公园风景特质评价体系及其启示 [J]. 中国园林，34(7)：29-35.

赵玉涛，余新晓，关文彬，2002. 景观异质性研究评述 [J]. 应用生态学报，4：495-500.

赵正，刘云龙，温亚利，2019. 城市森林社会化服务功能评估体系探讨：基于市民获益视角的分析 [J]. 林业资源管理，4：1-9.

郑华敏，熊居华，郑郁善，2012. 武夷山风景名胜区云窝—天游片区景观美学评价 [J]. 福建林业科技，4：111-116.

郑小贤，2001. 森林文化、森林美学与森林经营管理 [J]. 北京林业大学学报，2：93-95.

钟乐，杨锐，2019. 国家公园定义比较研究 [J]. 中华环境，8：26-28.

周春玲，张启翔，孙迎坤，2006. 居住区绿地的美景度评价 [J]. 中国园林，22(4)：62-67.

周年兴，黄震方，蒋铭萍，等，2012. 庐山森林景观美学质量与景观格局指数的关系 [J]. 地理研究，31(7)：1224-1232.

朱玉洁，翁羽西，傅伟聪，等，2021. 声景感知对森林公园健康效益的影响：以福州国家森林公园为例 [J]. 林业科学，57(3)：9-17.

朱志华，2019. 中国审美理论 [M]. 上海：上海人民出版社 .

庄鸿飞，陈君帜，史建忠，等，2020. 大熊猫国家公园四川片区自然保护地空间关系对大熊猫

分布的影响 [J]. 生态学报，40(7)：2347–2359.

AGNOLETTI M, 2014. Rural landscape, nature conservation and culture: some notes on research trends and management approaches from a (southern) European perspective[J]. Landscape and Urban Planning, 126(6): 66–73.

AGRAWAL A, GIBSON C C, 1999. Enchantment and disenchantment: the role of community in natural resource conservation[J]. World Development, 27(4): 629–649.

BARTON J O, PRETTY J, 2010. What is the best dose of nature and green exercise for improving mental health? A multi–study analysis[J]. Environmental Science & Technology, 44(10): 3947.

BERG A, KOOLE S L, 2006. New wilderness in the Netherlands: an investigation of visual preferences for nature development landscapes[J]. Landscape and Urban Planning, 78(4): 362–372.

BOOTH P N, LAW S A, MA J, et al., 2017. Modeling aesthetics to support an ecosystem services approach for natural resource management decision making[J]. Integrated Environmental Assessment and Management, 13(5): 926–938.

BRYAN B A, 2013. Incentives, land use, and ecosystem services: synthesizing complex linkages[J]. Environmental Science and Policy, 27: 124–134.

BUHYOFF G J, GAUTHIER L J, WELLMAN J D, 1984. Predicting scenic quality for urban forests using vegetation measurements[J]. Forest Science, 30(1): 71–82.

BUXTON R T, PEARSON A L, ALLOU C, et al., 2021. A synthesis of health benefits of natural sounds and their distribution in national parks[J]. Proceedings of the National Academy of Sciences, 118(14): 2013097118.

BYSTROM M J, MULLER D K, 2014. Tourism labor market impacts of national parks[J]. Zeitschrift Für Wirtschaftsgeographie, 58(1): 115–126.

CABANA D, RYFIELD F, CROWE T P, et al., 2020. Evaluating and communicating cultural ecosystem services[J]. Ecosystem Services, 42: 101085.

CARPENTER S R, MOONEY H A, AGARD J, et al., 2009. Science for managing ecosystem services: beyond the millennium ecosystem assessment[J]. Proceedings of the National Academy of Sciences, 106(5): 1305–1312.

COSTANZA R, d'ARGE, GROOT R D, et al., 1997. The value of the world's ecosystem services and natural capital[J]. Nature, 387(15): 253–260.

DAILY G C, 1997. Nature's services societal dependence on natural ecosystem[M]. Washington D C: Island Press.

DAIM M S, BAKRI A F, KAMARUDIN H, et al., 2012. Being neighbor to a national park: are we ready for community participation?[J]. Procedia–Social and Behavioral Sciences, 36: 211–220.

DONG W, LIAO H, ZHAN Z, et al., 2019. New research progress of eye tracking–based map cognition in cartography since 2008[J]. Acta Geographica Sinica, 74: 599–614.

DRAMSTAD W E, TVEIT M S, FJELLSTAD W J, et al., 2006. Relationships between visual landscape preferences and map–based indicators of landscape structure[J]. Landscape and Urban Planning, 78(4): 465–474.

DUPONT L, ANTROP M, EETVELDE V V, 2015. Does landscape related expertise influence the visual perception of landscape photographs? Implications for participatory landscape planning and management[J]. Landscape and Urban Planning, 141: 68–77.

DUPONT L, ANTROP M, EETVELDE V V, 2014. Eye–tracking analysis in landscape perception research: influence of photograph properties and landscape characteristics[J]. Landscape Research, 39(4): 417–432.

FANG X, GAO T, HEDBLOM M, et al., 2021. Soundscape perceptions and preferences for different groups of users in urban recreational forest parks[J]. Forests Trees and Livelihoods, 12(4): 468.

FERRETTI–GALLON K, GRIGGS E, SHRESTHA A, et al., 2021. National parks best practices: lessons from a century's worth of national parks management[J]. International Journal of Geoheritage and Parks, 95: 335–346.

FINLAYSON M, CRUZ R D, DAVIDSON N, et al.,2005. Millennium Ecosystem Assessment: ecosystems and human well–being: wetlands and water synthesis[M]. Washington D C: Island Press.

GOBSTER P H, ARNBERGER A, et al., 2021. Restoring a "scenically challenged" landscape: landowner preferences for pine barrens treatment practices[J]. Landscape and Urban Planning, 211: 104104.

GOBSTER P H, NASSAUER J I, DANIEL T C, et al., 2007. The shared landscape: what does aesthetics have to do with ecology?[J]. Landscape Ecology, 22(7): 959–972.

HAN L, SHI L, YANG F, et al., 2020. Method for the evaluation of residents' perceptions of their community based on landsenses ecology[J]. Journal of Cleaner Production, 281(7): 124048.

HATAN S, FLEISCHER A, TCHETCHIK A, 2021. Economic valuation of cultural ecosystem services: the case of landscape aesthetics in the agritourism market[J]. Ecological Economics, 184: 107005.

HAWKINS V, SELMAN P, 2002. Landscape scale planning: exploring alternative land use scenarios[J]. Landscape and Urban Planning, 60(4): 211–224.

HEIN L, KOPPEN K V, GROOT R, et al., 2006. Spatial scales, stakeholders and the valuation of ecosystem services[J]. Ecological Economics, 57(2): 209–228.

HERBERT S, DANIEL T C, 1981. Progress in predicting the perceived scenic beauty of forest landscapes[J]. Forest Science, 27(1): 71–80.

HULL R B, BUHYOFF G J, CORDELL H K, 1987. Psychophysical models: an example with scenic beauty perceptions of roadside pine forests[J]. Landscape Journal, 6(2): 113–122.

HUME K, AHTAMAD M, 2013. Physiological responses to and subjective estimates of soundscape elements[J]. Applied Acoustics, 74(2): 275–281.

HUYNH L, GASPARATOS A, SU J, et al., 2022. Linking the nonmaterial dimensions of human–nature relations and human well–being through cultural ecosystem services[J]. Science Advances, 31: 8042.

IRVINE K N, DEVINE-WRIGHT P, PAYNE S R, et al., 2009. Green space, soundscape and urban sustainability: an interdisciplinary, empirical study[J]. Local Environment, 14(2): 155–172.

IUCN, 2013. Study on the Application of Criterion VII: Considering Superlative Natural Phenomena and Exceptional Natural Beauty within the World Heritage Convention[EB/OL]. https://portals.iucn.org/library/node/10424.

JENSEN F S, 1993. Landscape managers' and politicians' perception of the forest and landscape preferences of the population[J]. Forest Snow and Landscape Research, 1(1): 79–93.

JEON J Y, HWANG I H, HONG J Y, 2014. Soundscape evaluation in a Catholic cathedral and Buddhist temple precincts through social surveys and soundwalks[J]. Journal of the Acoustical Society of America, 135(4): 1863–1874.

JIANG J, 2020. The role of natural soundscape in nature-based tourism experience: an extension of the stimulus - organism - response model[J]. Current Issues in Tourism, 7: 1–20.

JUNGE X, LINDEMANN-MATTHIES P, HUNZIKER M, et al., 2011. Aesthetic preferences of non-farmers and farmers for different land-use types and proportions of ecological compensation areas in the Swiss lowlands[J]. Biological Conservation, 144(5): 1430–1440.

KELLOMKI S, SAVOLAINEN R, 1984. The scenic value of the forest landscape as assessed in the field and the laboratory – ScienceDirec[J]. Landscape Planning, 11(2): 97–107.

KRISTROM, 1997. Spike models in contingent valuation[J]. American Journal of Agricultural Economics, 79(3): 1013–1023.

LANCE E, HEHL-LANGE S, 2011. Citizen participation in the conservation and use of rural landscapes in Britain: the Alport Valley case study[J]. Landscape and Ecological Engineering, 7(2): 223–230.

LEE S K, 2008. Objective evaluation of interior sound quality in passenger cars during acceleration[J]. Journal of Sound and Vibration, 310(12): 149–168.

LEOPOLD D A, WILKE M, 2005. Neuroimaging: Seeing the trees for the forest[J]. Current Biology, 15(18): 766–768.

LEROY C J, FISCHER D G, LUBARSKY S, 2006. How do aesthetics effect our ecology?[J]. Journal of Ecological Anthropology, 10(6): 61–65.

LI H, WU J, 2004. Use and misuse of landscape indices[J]. Landscape Ecology, 19(4): 389–399.

LI Q, HUANG Z, CHRISTIANSON K, 2016. Visual attention toward tourism photographs with text: an eye-tracking study[J]. Tourism Management, 54(6): 243–258.

LI Z L, KANG J, 2019. Sensitivity analysis of changes in human physiological indicators observed in soundscapes[J]. Landscape and Urban Planning, 190(10): 103593.

LINDEMANN-MATTHIES P, BRIEGEL R, SCH□PBACH B, et al., 2010. Aesthetic preference for a Swiss alpine landscape: the impact of different agricultural land-use with different biodiversity[J]. Landscape and Urban Planning, 98(2): 99-109.

LUPP G, HOCHTL F, WENDE W, 2011. "Wilderness"-a designation for Central European landscapes?[J]. Land Use Policy, 28(3): 594-603.

MA K W, MAK C M, HAI M W, 2021. Effects of environmental sound quality on soundscape preference in a public urban space[J]. Applied Acoustics, 171: 107570.

MARIN L D,2011. An exploration of visitor motivations: the search for silence[D]. Fort Collins, Colorado: Colorado State University.

MAZARIS A D, KALLIMANIS A S, CHATZIGIANIDIS G, et al., 2009. Spatiotemporal analysis of an acoustic environment: interactions between landscape features and sounds[J]. Landscape Ecology, 24(6): 817-831.

MEDVEDEV O, SHEPHERD D, HAUTUS M J, 2015. The restorative potential of soundscapes: a physiological investigation[J]. Applied Acoustics, 96(10): 20-26.

MEO I D, CANTIANI P, PALETTO A, 2020. Effect of thinning on forest scenic beauty in a black pine forest in Central Italy[J]. Forests, 11(12): 1295.

MICHELI F, NICCOLINI F, 2013. Achieving success under pressure in the conservation of intensely used coastal areas[J]. Ecology and Society, 18(4): 59-63.

NICHOLAS P, MILLER, 2008. US National Parks and management of park soundscapes: a review[J]. Applied Acoustics, 69(2): 77-92.

NORDH H, HAGERHALL C M, HOLMQVIST K, 2013. Tracking restorative components: Patterns in eye movements as a consequence of a restorative rating task[J]. Landscape Research, 38(1): 101-116.

OSGOOD C E, 2010. Semantic Differential Technique in the Comparative Study of Cultures1[J]. American Anthropologist, 66(3): 171-200.

PALMER J F, 2004. Using spatial metrics to predict scenic perception in a changing landscape: Dennis, Massachusetts[J]. Landscape and Urban Planning, 69(23): 201-218.

PRISKIN J, 2001. Assessment of natural resources for nature-based tourism: the case of the Central Coast Region of Western Australia[J]. Tourism Management, 22(6): 637-648.

RAUDSEPP-HEARNE C, PETERSON G D, BENNETT E M, 2010. Ecosystem service bundles for analyzing tradeoffs in diverse landscapes[J]. Proceedings of the National Academy of Sciences, 107: 5242-5247.

RIDDING L E, REDHEAD J W, OLIVER T H, et al., 2018. The importance of landscape characteristics for the delivery of cultural ecosystem services[J]. Journal of Environmental Management, 206: 1145-1154.

ROTHERHAM I D, 2015. Bio-cultural heritage and biodiversity: emerging paradigms in conservation and planning[J]. Biodiversity and Conservation, 24(13): 1-25.

SANTARéM F, SAARINEN J, BRITO J C, 2020. Mapping and analysing cultural ecosystem services in conflict areas[J]. Ecological Indicators, 110: 105943.

SCHIRPKE U, ALTZINGER A, LEITINGER G, et al., 2019. Change from agricultural to touristic use: Effects on the aesthetic value of landscapes over the last 150 years[J]. Landscape and Urban Planning, 187: 23-35.

SCHROEDER H W, ANDERSON L M, 1984. Perception of personal safety in urban recreation sites[J]. Journal of Leisure Research, 16(2): 178-194.

SELIN S, CHEVEZ D, 1995. Developing a collaborative model for environmental planning and management[J]. Environmental Management, 19(2): 189-195.

SHAFER E L, TOOBY M, 1973. Landscape Preferences: an International Replication[J]. Journal of Leisure Research, 5: 60-65.

SHAMS L, 2002. Visual illusion induced by sound[J]. Cognitive Brain Research, 14(1): 147-152.

SHAO J, QIU Q, QIAN Y, et al., 2020. Optimal visual perception in land-use planning and design based on landsenses ecology[J]. The International Journal of Sustainable Development and World Ecology, 27(3): 233-239.

SHIN S H, IH J G, HASHIMOTO T, et al., 2009. Sound quality evaluation of the booming sensation for passenger cars[J]. Applied Acoustics, 70(2): 309-320.

SOARES A L, COELHO J B, 2016. Urban park soundscape in distinct sociocultural and geographical contexts[J]. Noise Mapping, 3(1): 232-246.

SPITERI A, 2011. Linking livelihoods and conservation: an examination of local residents' perceived linkages between conservation and livelihood benefits around nepal's chitwan national park[J]. Environmental Management, 5(47): 727-738.

STEPHENSON J, 2008. The Cultural Values Model: an integrated approach to values in landscapes[J]. Landscape and Urban Planning, 84(2): 127-139.

SUTHERLAND W J, FRECKLETON R P, GODFRAY H C, et al., 2013. Identification of 100 fundamental ecological questions[J]. Journal of Ecology, 101: 58-67.

SWANWICK C, 2002. Landscape Character Assessment: Guidance for England and Scotland. Edinburgh, UK: Countryside Agency, Cheltenham and Scottish Natural Heritage.

TRESS B, TRESS G, 2001. Capitalising on multiplicity: a transdisciplinary systems approach to landscape research[J]. Landscape and Urban Planning, 57(34): 143-157.

TURNER R K, JEROEN C J M, BERGH V, et al., 2000. Ecological-economic analysis of wetlands: Scientific integration for management and policy[J]. Ecological Economics, 35(1): 7-23.

TVEIT M S, 2009. Indicators of visual scale as predictors of landscape preference: a comparison between groups[J]. Journal of Environmental Management, 90(9): 2882-2888.

ULRICH R S, SIMONS R F, LOSITO B D, et al., 1991. Stress recovery during exposure to natural and urban environments. Journal of environmental psychology[J]. Journal of Environmental Psychology, 11(3): 201-230.

VAL G, ATAURI J A, LUCIO J, 2006. Relationship between landscape visual attributes and spatial pattern indices: a test study in Mediterranean-climate landscapes[J]. Landscape and Urban Planning, 77(4): 393-407.

VERMA D, JANA A, RAM AM RITHAM K, 2020. Predicting human perception of the urban environment in a spatiotemporal urban setting using locally acquired street view images and audio clips[J]. Building and Environment, 186: 107340.

WARTMANN F M, FRICK J, KIENAST F, et al., 2021. Factors influencing visual landscape quality perceived by the public. Results from a national survey[J]. Landscape and Urban Planning, 208: 104024.

WATTS G R, PHEASANT R J, 2015. Tranquillity in the Scottish Highlands and Dartmoor national park—the importance of soundscapes and emotional factors[J]. Applied Acoustics, 89: 297–305.

WEINZIMMER D, NEWMAN P, TAFF D, et al., 2014. Human responses to simulated motorized noise in national parks[J]. Leisure Sciences, 36(3): 251–267.

WU Y, LIU Y, TSAI Y R, et al., 2019. Investigating the role of eye movements and physiological signals in search satisfaction prediction using geometric analysis[J]. Journal of the Association for Information Science and Technology, 7(9): 981–999.

YIPING L, MENGJUN H, BING Z, 2019. Audio–visual interactive evaluation of the forest landscape based on eye–tracking experiments[J]. Urban Forestry and Urban Greening, 46: 126476.

ZAPPATORE M, LONGO A, BOCHICCHIO M A, 2017. Crowd–sensing our smart cities: a platform for noise monitoring and acoustic urban planning[J]. Journal of Communications Software and Systems, 13(2): 53–67.

ZHANG M, KANG J, 2007. Towards the evaluation, description, and creation of soundscapes in urban open spaces[J]. Environment & Planning B Planning & Design, 34(1): 68–86.

ZHAO W, LI H, ZHU X, et al., 2020. Effect of birdsong soundscape on perceived restorativeness in an urban park[J]. International Journal of Environmental Research and Public Health, 17(16): 5659.

ZHENG B, ZHANG Y, CHEN J. Preference to home landscape: wildness or neatness?[J]. Landscape and Urban Planning, 2011, 99(1): 1–8.

ZUO L, ZHANG J, ZHANG R J, et al., 2020. The transition of soundscapes in tourist destinations from the perspective of residents' perceptions: a case study of the Lugu Lake Scenic Spot, southwestern China[J]. Sustainability, 12: 1–15.

附 录

附录 A 钱江源国家公园体制试点区景观美学视觉感知样本照片

附录 B 钱江源国家公园体制试点区样区样本景观眼动热力分布

附录 C 钱江源国家公园体制试点区样本景观动眼动路径轨迹

附录 D 钱江源国家公园体制试点区声景观感知调查问卷

尊敬的先生／女士：您好！

我们是中国林业科学研究院的研究人员，本次调查将仅用于景观美学研究，请您放心填写。谢谢您的配合。

一、基本情况调查

1. 性别：

□ 男　　　　　□ 女

2. 您在当地居住了（　　）年：

□ 5 年以下　　□ 6~10 年　　□ 11~20 年　　□ 21 年以上

3. 您的年龄是：_____ 岁

4. 您的受教育程度：

□ 小学及以下　□ 初中　　□ 高中　　　□ 中专　　　□ 高职

□ 大专　　　　□ 本科　　□ 研究生

5. 您的职业类型：

□ 务农　　　　□ 个体服务业人员（经营农家乐、民宿等）

□ 企业员工　　□ 外出务工人员　　　　□ 学生

□ 其他（注明具体情况）：_____

6. 您的年均收入为：

□ 2 万元及以下　□ 3 万 ~5 万元　□ 6 万 ~15 万元　□ 16 万 ~30 万元

□ 31 万 ~50 万元　□ 51 万元以上

二、单声源感知调查

项目	指标	选项				
风声	响度	□ 非常响	□ 比较响	□ 一般	□ 不太响	□ 很不响
	感知频率	□ 非常多	□ 比较多	□ 一般	□ 不太多	□ 没听到
	喜好程度	□ 很喜欢	□ 较喜欢	□ 一般	□ 不太喜欢	□ 不喜欢
（流）水声	响度	□ 非常响	□ 比较响	□ 一般	□ 不太响	□ 很不响
	感知频率	□ 非常多	□ 比较多	□ 一般	□ 不太多	□ 没听到
	喜好程度	□ 很喜欢	□ 较喜欢	□ 一般	□ 不太喜欢	□ 不喜欢

（续）

项目	指标	选项
鸟鸣声	响度	□ 非常响　□ 比较响　□ 一般　□ 不太响　□ 很不响
	感知频率	□ 非常多　□ 比较多　□ 一般　□ 不太多　□ 没听到
	喜好程度	□ 很喜欢　□ 较喜欢　□ 一般　□ 不太喜欢　□ 不喜欢
虫鸣声	响度	□ 非常响　□ 比较响　□ 一般　□ 不太响　□ 很不响
	感知频率	□ 非常多　□ 比较多　□ 一般　□ 不太多　□ 没听到
	喜好程度	□ 很喜欢　□ 较喜欢　□ 一般　□ 不太喜欢　□ 不喜欢
风声	响度	□ 非常响　□ 比较响　□ 一般　□ 不太响　□ 很不响
	感知频率	□ 非常多　□ 比较多　□ 一般　□ 不太多　□ 没听到
	喜好程度	□ 很喜欢　□ 较喜欢　□ 一般　□ 不太喜欢　□ 不喜欢
瀑布声	响度	□ 非常响　□ 比较响　□ 一般　□ 不太响　□ 很不响
	感知频率	□ 非常多　□ 比较多　□ 一般　□ 不太多　□ 没听到
	喜好程度	□ 很喜欢　□ 较喜欢　□ 一般　□ 不太喜欢　□ 不喜欢
家禽声	响度	□ 非常响　□ 比较响　□ 一般　□ 不太响　□ 很不响
	感知频率	□ 非常多　□ 比较多　□ 一般　□ 不太多　□ 没听到
	喜好程度	□ 很喜欢　□ 较喜欢　□ 一般　□ 不太喜欢　□ 不喜欢
交谈声	响度	□ 非常响　□ 比较响　□ 一般　□ 不太响　□ 很不响
	感知频率	□ 非常多　□ 比较多　□ 一般　□ 不太多　□ 没听到
	喜好程度	□ 很喜欢　□ 较喜欢　□ 一般　□ 不太喜欢　□ 不喜欢
嬉闹声	响度	□ 非常响　□ 比较响　□ 一般　□ 不太响　□ 很不响
	感知频率	□ 非常多　□ 比较多　□ 一般　□ 不太多　□ 没听到
	喜好程度	□ 很喜欢　□ 较喜欢　□ 一般　□ 不太喜欢　□ 不喜欢
小贩叫卖声	响度	□ 非常响　□ 比较响　□ 一般　□ 不太响　□ 很不响
	感知频率	□ 非常多　□ 比较多　□ 一般　□ 不太多　□ 没听到
	喜好程度	□ 很喜欢　□ 较喜欢　□ 一般　□ 不太喜欢　□ 不喜欢
脚步声	响度	□ 非常响　□ 比较响　□ 一般　□ 不太响　□ 很不响
	感知频率	□ 非常多　□ 比较多　□ 一般　□ 不太多　□ 没听到
	喜好程度	□ 很喜欢　□ 较喜欢　□ 一般　□ 不太喜欢　□ 不喜欢
宗教声	响度	□ 非常响　□ 比较响　□ 一般　□ 不太响　□ 很不响
	感知频率	□ 非常多　□ 比较多　□ 一般　□ 不太多　□ 没听到
	喜好程度	□ 很喜欢　□ 较喜欢　□ 一般　□ 不太喜欢　□ 不喜欢
广播声	响度	□ 非常响　□ 比较响　□ 一般　□ 不太响　□ 很不响
	感知频率	□ 非常多　□ 比较多　□ 一般　□ 不太多　□ 没听到
	喜好程度	□ 很喜欢　□ 较喜欢　□ 一般　□ 不太喜欢　□ 不喜欢

（续）

项目	指标	选项				
汽车声	响度	□ 非常响	□ 比较响	□ 一般	□ 不太响	□ 很不响
	感知频率	□ 非常多	□ 比较多	□ 一般	□ 不太多	□ 没听到
	喜好程度	□ 很喜欢	□ 较喜欢	□ 一般	□ 不太喜欢	□ 不喜欢
摩托声	响度	□ 非常响	□ 比较响	□ 一般	□ 不太响	□ 很不响
	感知频率	□ 非常多	□ 比较多	□ 一般	□ 不太多	□ 没听到
	喜好程度	□ 很喜欢	□ 较喜欢	□ 一般	□ 不太喜欢	□ 不喜欢
鸣笛声	响度	□ 非常响	□ 比较响	□ 一般	□ 不太响	□ 很不响
	感知频率	□ 非常多	□ 比较多	□ 一般	□ 不太多	□ 没听到
	喜好程度	□ 很喜欢	□ 较喜欢	□ 一般	□ 不太喜欢	□ 不喜欢
施工声	响度	□ 非常响	□ 比较响	□ 一般	□ 不太响	□ 很不响
	感知频率	□ 非常多	□ 比较多	□ 一般	□ 不太多	□ 没听到
	喜好程度	□ 很喜欢	□ 较喜欢	□ 一般	□ 不太喜欢	□ 不喜欢

三、声音整体感知调查

问题描述	选项				
国家公园声音整体大不大？	□ 非常大	□ 比较大	□ 一般	□ 比较小	□ 非常小
您认为声音是否协调？	□ 非常协调	□ 比较协调	□ 一般	□ 不太协调	□ 很不协调
您认为声音听起来舒服吗？	□ 非常舒服	□ 比较舒服	□ 一般	□ 不太舒服	□ 很不舒服
您是否满意听到的声音？	□ 非常满意	□ 比较满意	□ 一般	□ 不太满意	□ 很不满意

四、声音对视觉感受的影响评估

问题描述	选项				
森林、水域等自然景观的视觉美感	□ 很美	□ 比较美	□ 一般	□ 不太美	□ 很不美
乡村、文化等人文景观的视觉美感	□ 很美	□ 比较美	□ 一般	□ 不太美	□ 很不美
景观与人之间关系的亲密程度	□ 很亲密	□ 比较亲密	□ 一般	□ 不太亲密	□ 很不亲密
视觉景观的艺术美感	□ 很美	□ 比较美	□ 一般	□ 不太美	□ 很不美

附录 E　钱江源国家公园体制试点区景观美学（社区居民）调查问卷

尊敬的先生 / 女士：您好！

　　我们是中国林业科学研究院的研究人员，本次调查将仅用于景观美学研究。请您放心填写。谢谢您的配合。

问卷编号：_____；所在村庄：_____；

所在功能区：_____；坐标：_____

一、社区居民基本调查

1. 性别：

□ 男　　　　　　□ 女

2. 您在当地居住了（　　）年：

□ 5 年以下　　□ 6~10 年　　□ 11~20 年　　□ 21 年以上

3. 您的年龄是：_____ 岁

4. 您的受教育程度：

□ 小学及以下　□ 初中　　　□ 高中　　　□ 中专　　　□ 高职

□ 大专　　　　□ 本科　　　□ 硕博研究生

5. 您的职业类型：

□ 务农　　　　□ 个体服务业人员（经营农家乐、民宿等）

□ 企业员工　　□ 外出务工人员　　　　　□ 学生

□ 其他（注明具体情况）：_____

6. 您的年均收入为：

□ 2 万元及以下　□ 3 万 ~5 万元　□ 6 万 ~15 万元　□ 16 万 ~30 万元

□ 31 万 ~50 万元　□ 51 万元以上

二、美学价值认知

　　请您根据在体制试点区的日常居住感受，对下列美学价值认知情况进行打分评估。

美学价值	认知情况			价值评估				
自然生态美	□ 很认同	□ 认同	□ 不认同	□ 很高	□ 较高	□ 一般	□ 较低	□ 很低
原始荒野美	□ 很认同	□ 认同	□ 不认同	□ 很高	□ 较高	□ 一般	□ 较低	□ 很低
山水和谐美	□ 很认同	□ 认同	□ 不认同	□ 很高	□ 较高	□ 一般	□ 较低	□ 很低
民俗文化美	□ 很认同	□ 认同	□ 不认同	□ 很高	□ 较高	□ 一般	□ 较低	□ 很低
如画艺术美	□ 很认同	□ 认同	□ 不认同	□ 很高	□ 较高	□ 一般	□ 较低	□ 很低
心灵崇拜美	□ 很认同	□ 认同	□ 不认同	□ 很高	□ 较高	□ 一般	□ 较低	□ 很低
人居环境美	□ 很认同	□ 认同	□ 不认同	□ 很高	□ 较高	□ 一般	□ 较低	□ 很低
美育科普美	□ 很认同	□ 认同	□ 不认同	□ 很高	□ 较高	□ 一般	□ 较低	□ 很低
身心健康美	□ 很认同	□ 认同	□ 不认同	□ 很高	□ 较高	□ 一般	□ 较低	□ 很低

三、价值支付意愿调查

为了提升国家公园美学价值，保护公园生态系统、原始景观和地域文化景观，当前正在开展"大美钱江源——国家公园景观保护与恢复示范公益项目"，项目内容包括：对国家公园内的自然景观与人文景观进行调查和动态监测；开展科普与环境教育活动；对公园进行保护性规划，在重要观景区进行林相改造，保护恢复地域乡土景观等。该项目是由林学、生态学、农林经济等领域专家组成的公益协会作为执行单位，项目地点在钱江源国家公园体制试点区。

1. 项目背景调查

请您针对个人认知态度情况，进行评估。

项目	评估
自然风景认知态度	□ 较低 □ 一般 □ 较高
生态环境认知态度	□ 较低 □ 一般 □ 较高
环保意识认知态度	□ 较低 □ 一般 □ 较高
生态文化认知态度	□ 较低 □ 一般 □ 较高
美学功能认知态度	□ 较低 □ 一般 □ 较高

2. 意愿调查

（1）您是否愿意加入公益保护协会参与该项目活动，并每年缴纳一定会费？

□ 是的，我愿意　　　　　　　□ 我不愿意

（2）如果您愿意，那么请问是什么原因促使您参与该项目并缴纳会费？

□ 政府要求　　　　　　　　□ 大家加入我就加入

□ 改善生活环境　　　　　　□ 繁荣乡村文化

（3）如果您愿意缴纳会费，那您愿意从每年的人均可支配收入中支出多少钱？

□ 5元　　　　□ 15元　　　　□ 50元　　　　□ 150元　　　　□ 1500元

（4）如果您不愿意出钱，是为什么？

□ 收入低，没钱　　　　　□ 本身不受益　　　　□ 对此事不关心

□ 觉得应由公共财政支付　　□ 其他（请写明原因）：_____

附录 F　钱江源国家公园体制试点区景观美学（管理人员）调查问卷

尊敬的先生 / 女士：您好！

　　我们是中国林业科学研究院的科研人员，本次调查将仅用于景观美学研究，请您放心填写。谢谢您的配合。

一、管理人员基本调查

1. 性别：

□ 男　　　　　　　□ 女

2. 您的年龄是：＿＿＿＿ 岁

3. 您的受教育程度：

□ 小学及以下　　□ 初中　　　　□ 高中　　　　□ 中专　　　　□ 高职

□ 大专　　　　　□ 本科　　　　□ 研究生

4. 您的职业类型：

□ 公务员 / 事业单位人员　　　　□ 村干部

5. 您的年均收入为：

□ 2 万元及以下　□ 3 万 ~5 万元　□ 6 万 ~15 万元　□ 16 万 ~30 万元

□ 31 万 ~50 万元　□ 51 万元以上

6. 您在当地居住了（　　）年：

□ 5 年以下　　　□ 6~10 年　　　□ 11~20 年　　　□ 21 年以上

二、美学价值认知

　　请您根据对体制试点区的感受体验，对下列美学价值认知情况进行打分评估。

美学价值	认知情况			价值评估				
自然生态美	□ 很认同	□ 认同	□ 不认同	□ 很高	□ 较高	□ 一般	□ 较低	□ 很低
原始荒野美	□ 很认同	□ 认同	□ 不认同	□ 很高	□ 较高	□ 一般	□ 较低	□ 很低
山水和谐美	□ 很认同	□ 认同	□ 不认同	□ 很高	□ 较高	□ 一般	□ 较低	□ 很低
民俗文化美	□ 很认同	□ 认同	□ 不认同	□ 很高	□ 较高	□ 一般	□ 较低	□ 很低
如画艺术美	□ 很认同	□ 认同	□ 不认同	□ 很高	□ 较高	□ 一般	□ 较低	□ 很低
心灵崇拜美	□ 很认同	□ 认同	□ 不认同	□ 很高	□ 较高	□ 一般	□ 较低	□ 很低
人居环境美	□ 很认同	□ 认同	□ 不认同	□ 很高	□ 较高	□ 一般	□ 较低	□ 很低
美育科普美	□ 很认同	□ 认同	□ 不认同	□ 很高	□ 较高	□ 一般	□ 较低	□ 很低
身心健康美	□ 很认同	□ 认同	□ 不认同	□ 很高	□ 较高	□ 一般	□ 较低	□ 很低

三、价值支付意愿调查

为了提升国家公园美学价值,保护公园生态系统、原始景观和地域文化景观,当前正在开展"大美钱江源——国家公园景观保护与恢复示范公益项目",项目内容包括:对国家公园内的自然景观与人文景观进行调查和动态监测;开展科普与环境教育活动;对公园进行保护性规划,在重要观景区进行林相改造,保护恢复地域乡土景观等。该项目是由林学、生态学、农林经济等领域专家组成的公益协会作为执行单位,项目地点在钱江源国家公园体制试点区。

1. 项目背景调查

请您针对个人认知态度情况,进行评估。

项目	评估
自然风景认知态度	□ 较低　□ 一般　□ 较高
生态环境认知态度	□ 较低　□ 一般　□ 较高
环保意识认知态度	□ 较低　□ 一般　□ 较高
生态文化认知态度	□ 较低　□ 一般　□ 较高
美学功能认知态度	□ 较低　□ 一般　□ 较高

2. 支付意愿调查

(1)您是否愿意加入公益保护协会参与该项目活动,并每年缴纳一定会费?

□ 是的,我愿意　　　　　　□ 我不愿意

(2)如果您愿意,那么请问是什么原因促使您参与该项目并缴纳会费?

□ 政府要求　　　　　　　　□ 大家加入我就加入

□ 改善生活环境　　　　　　□ 繁荣乡村文化

(3)如果您愿意缴纳会费,那您愿意从每年的人均可支配收入中支出多少钱?

□ 5 元　　　□ 15 元　　　□ 50 元　　　□ 150 元　　　□ 1500 元

(4)如果您不愿意出钱,是为什么?

□ 收入低,没钱　　　　　□ 本身不受益　　　　□ 对此事不关心

□ 觉得应由公共财政支付　　□ 其他(请写明原因):＿＿＿＿＿＿＿＿＿＿

附录 G　钱江源国家公园体制试点区景观美学（游客）调查问卷

尊敬的先生 / 女士：您好！

　　我们是中国林业科学研究院的研究人员，本次调查将仅用于景观美学研究，请您放心填写。谢谢您的配合。

一、游客基本调查

1. 性别：

☐ 男　　　　　　☐ 女

2. 您的年龄是：_____ 岁

3. 您的受教育程度：

☐ 小学及以下　☐ 初中　　　☐ 高中　　　☐ 中专　　　☐ 高职

☐ 大专　　　　☐ 本科　　　☐ 研究生

4. 您的职业类型：

☐ 公务员 / 事业单位人员　　　☐ 企业员工　　☐ 个体工商户　☐ 学生

☐ 退休离岗人员 / 无业　　　☐ 其他（注明具体情况）：_____

5. 您来自哪里：

☐ 浙江省内　　☐ 上海、江苏和安徽（除浙江外长江三角洲地区）

☐ 长江三角洲以外其他地区

6. 您的年均收入为：

☐ 5 万元及以下　☐ 6 万 ~15 万元　☐ 16 万 ~30 万元　☐ 31 万元及以上

7. 您来开化县旅游次数：

☐ 1 次　　　　☐ 2 次　　　　☐ 3 次及以上

8. 您是被"国家公园"吸引而来吗？

☐ 是　　　　　　☐ 不是

9. 您的旅行目的是：

☐ 休闲度假　☐ 摄影写生　☐ 科研考察　☐ 保健养生　☐ 探亲访友

10. 你是从哪种渠道了解到的钱江源国家公园？

☐ 广播 / 报纸　☐ 微博等网络平台　☐ 亲朋好友　☐ 旅行社

二、美学价值认知

请您根据对钱江源国家公园体制试点区的感受体验，对下列美学价值认知情况进行打分评估。

美学价值	认知情况			价值评估				
自然生态美	□ 很认同	□ 认同	□ 不认同	□ 很高	□ 较高	□ 一般	□ 较低	□ 很低
原始荒野美	□ 很认同	□ 认同	□ 不认同	□ 很高	□ 较高	□ 一般	□ 较低	□ 很低
山水和谐美	□ 很认同	□ 认同	□ 不认同	□ 很高	□ 较高	□ 一般	□ 较低	□ 很低
民俗文化美	□ 很认同	□ 认同	□ 不认同	□ 很高	□ 较高	□ 一般	□ 较低	□ 很低
如画艺术美	□ 很认同	□ 认同	□ 不认同	□ 很高	□ 较高	□ 一般	□ 较低	□ 很低
心灵崇拜美	□ 很认同	□ 认同	□ 不认同	□ 很高	□ 较高	□ 一般	□ 较低	□ 很低
人居环境美	□ 很认同	□ 认同	□ 不认同	□ 很高	□ 较高	□ 一般	□ 较低	□ 很低
美育科普美	□ 很认同	□ 认同	□ 不认同	□ 很高	□ 较高	□ 一般	□ 较低	□ 很低
身心健康美	□ 很认同	□ 认同	□ 不认同	□ 很高	□ 较高	□ 一般	□ 较低	□ 很低

三、价值意愿调查

为了提升国家公园美学价值，保护公园生态系统、原始景观和地域文化景观，当前正在开展"大美钱江源——国家公园景观保护与恢复示范公益项目"，项目内容包括：对国家公园内的自然景观与人文景观进行调查和动态监测；开展科普与环境教育活动；对公园进行保护性规划，在重要观景区进行林相改造，保护恢复地域乡土景观等。该项目是由林学、生态学、农林经济等领域专家组成的公益协会作为执行单位，项目地点在钱江源国家公园体制试点区。

1. 项目背景调查

请您针对个人认知态度情况，进行评估。

项目	评估
自然风景认知态度	□ 较低 □ 一般 □ 较高
生态环境认知态度	□ 较低 □ 一般 □ 较高
环保意识认知态度	□ 较低 □ 一般 □ 较高
生态文化认知态度	□ 较低 □ 一般 □ 较高
美学功能认知态度	□ 较低 □ 一般 □ 较高

2. 支付意愿调查

（1）您是否愿意加入公益保护协会参与该项目活动，并每年缴纳一定会费？

□ 是的，我愿意　　　　　　□ 我不愿意

（2）如果您愿意，那么请问是什么原因促使您参与该项目并缴纳会费？

□ 政府要求　　　　　　　　□ 大家加入我就加入

□ 改善生活环境　　　　　　□ 繁荣乡村文化

（3）如果您愿意缴纳会费，那您愿意从每年的人均可支配收入中支出多少钱？

□ 5 元　　　　□ 15 元　　　　□ 150 元　　　　□ 1500 元

（4）如果您不愿意出钱，是为什么？

□ 收入低，没钱　　□ 本身不受益　　□ 对此事不关心

□ 觉得应由公共财政支付　　□ 其他（请写明原因）：_____

后记

这本书，是我过去很长一段时间学习和工作的成果总结。

书名有这样几个关键词："生态""文化""景观""美学"，这些词其实已经串起了过去十年的研究路径。其中，"景观"这个词我很喜欢，它一直贯穿于我的学生生涯。我在本科阶段学习的是设计学的"景观"、硕士阶段是风景园林的"景观"、博士阶段是生态管理和森林经营管理的"景观"。正如我在书中所言，"景观"是一个很泛化的词汇，在不同的学科体系中有着不同的含义。对于我，它也一直有着特殊的意义。我所在的单位是从事林业经济管理的科研机构。因此，我从"景观"跨界到了"经管"。这是一次很大的跨越。我一直期望我的工作能与所学相结合，所以一直在探寻适合自己的研究方向。至今仍是，也已有小成。

这本书以"景观"为对象，以"经管"为手段，是一次"景观"＋"经管"的大胆尝试。我将其概括为"国家公园景观治理"，希望本书能够为中国国家公园建设作出些许贡献。随着这本书的出版，关于国家公园景观美学的研究，我想将告一段落，至少是在目前阶段。在这里，要感谢我的博士生导师李智勇研究员和何友均研究员对我的鼓励。李智勇老师的学科背景是经济学，他专注森林文化价值的货币化研究，我的几位师兄师姐也都在他引导下，以自然保护地为对象开展了这方面的研究。我一直认为，李老师是有情怀，尤其是文艺情怀的人。无论李老师在国际竹藤组织（INBAR）还是国际竹藤中心工作期间，与他的交流场景中，总是少不了咖啡，抑或是关于咖啡的问候，抑或是带着草莓的鸡尾酒。值此出版机会，希望您一切都好。何友均研究员既是我学习上传道授业的良师，也是工作上帮助我前行的伯乐，因其一路指引，科研路上才巧有所得，在此谢过。

这本书及其相关研究得到了有关单位和专家的大力支持，包括但不局限于中国林业科学研究院陈绍志副院长、王登举所长、叶兵副所长、樊宝敏研究员、张德成研究员、何桂梅正高级工程师、史作民研究员、张会儒研究员、符利勇研究员、杨文娟博士、张超群博士、张志永博士、谢和生副研究员、何亚婷副研究员、许单云博士、赵晓迪副研究员，国家林业和草原局经济发展研究中心李冰主任，国家林业和草原局调查规划设计院夏朝宗处长，中国人民大学农业与农村发展学院柯水发教授，北京林业大学郑小贤教授、张卫民教授、姚朋教授、谢屹教授、崔国发教授和谢宝元教授，浙江农林大学俞飞副教授，国际竹藤中心夏恩龙正高级工程师，中国自然资源航空物探遥感中心刘浩栋博士，以及浙江省林业局李永胜副局长、浙江省森林病虫害防治总站章滨森站长、钱江源国家公园管理局汪长林局长、余建平主任、何斌敏副处长、陈小南副主任等。

感谢李楠高级工程师、李乐博士、高志强副教授一直以来的支持，纸短情长。感谢中国林业出版社自然保护（国家公园）分社肖静社长以及葛宝庆等老师对本书出版的帮助。在此一并致谢！

感谢家人，他们不知道我一天天在干什么，但始终坚定地信任与支持我。

感谢一路向前的自己。

最后，感谢你选择阅读这本书，希望我们一直能自由选择。

愿大家一生自在，清澈明朗，所求遂所愿。